专家与您手拉手系列丛书

生物农药
及其应用技术问答

魏艳敏　主编

中国农业大学出版社

主　　编　魏艳敏
参编者　张民照
　　　　杨宝东

内容提要

本书以问答的形式介绍了生物农药的基本概念、分类及其特点等基本知识，同时对7大类生物农药（生物源杀虫、杀螨剂、杀菌剂、杀病毒剂、杀线虫剂、除草剂、杀鼠剂和增抗剂、保鲜剂）的重要品种、生化特性、作用机理、毒性和使用技术等做了详细的说明。本书内容翔实，实用性强，可供广大农民和基层农技人员阅读，帮助农民科学地使用农药，同时还可供从事生物农药研究和开发的单位和个人、绿色食品生产企业及高等院校相关专业的师生阅读、参考。

目　录

一、生物农药基本知识概述 …………………………（1）

1. 什么是生物农药？ ……………………………………（1）

2. 生物农药怎样分类？ …………………………………（1）

3. 什么是植物源农药？植物源农药主要包括哪些类型？ ……………………………………………………………………（2）

4. 什么是动物源农药？动物源农药有哪些？ ………（3）

5. 什么是微生物农药？微生物农药有哪些？ ………（4）

6. 什么叫菌制剂？ ………………………………………（5）

7. 微生物农药能够与化学农药混合使用吗？ ………（5）

8. 什么是转基因生物农药？ ……………………………（6）

9. 生物农药的主要剂型有哪些？ ………………………（6）

10. 生物农药的特点是什么？ …………………………（8）

11. 天然生物农药等于无毒无害吗？ …………………（9）

12. 如何根据气象条件使用生物农药？ ………………（9）

13. 如何科学使用生物农药？ …………………………（11）

14. 生物农药均匀施药的原因和注意事项是什么？ ……（11）

15. 如何确定生物农药的施药时期？为什么适时施药非常重要？ ……………………………………………（11）

16. 如何科学贮存生物农药？ …………………………（12）

17. 生物农药的重要作用是什么？ ……………………（12）

18. 生物农药发展中存在的主要问题是什么？ ………（13）

19. 为什么要大力发展生物农药？前景如何？ ………（13）

20. 如何大力加强生物农药的推广工作？ ……………（14）

二、生物源杀虫、杀螨剂 …………………… (15)
21. 目前生产上使用的植物杀虫剂主要有哪些种类?
…………………………………………………… (15)
22. 植物源杀虫剂的缺点有哪些? ………………… (15)
23. 烟碱的种类和作用方式是什么? ……………… (16)
24. 烟碱防治害虫有何优点? ……………………… (17)
25. 如何使用烟碱防治害虫? ……………………… (18)
26. 使用烟碱防治害虫的注意事项有哪些? ……… (19)
27. 如何使用油酸烟碱? …………………………… (20)
28. 如何使用皂素烟碱来防治害虫? ……………… (20)
29. 除虫菊素的特点如何? ………………………… (21)
30. 如何使用除虫菊来防治害虫? ………………… (22)
31. 使用除虫菊应该注意什么事项? ……………… (23)
32. 鱼藤酮的特点有哪些? ………………………… (24)
33. 鱼藤酮的作用机制如何? ……………………… (24)
34. 鱼藤酮及其混剂主要有哪些种类? …………… (25)
35. 如何使用鱼藤酮防治害虫? …………………… (26)
36. 使用鱼藤酮注意事项有哪些? ………………… (27)
37. 楝素有何特点? ………………………………… (27)
38. 楝素是如何杀虫的? …………………………… (28)
39. 如何使用楝素? ………………………………… (29)
40. 使用楝素的注意事项是什么? ………………… (29)
41. 速杀威的特点如何? 如何使用? ……………… (29)
42. 烟百素有何特点? 如何使用? ………………… (30)
43. 使用烟百素需注意哪些事项? ………………… (30)
44. 印楝素有何特点? ……………………………… (31)
45. 印楝素是如何杀虫的? ………………………… (32)
46. 印楝素防治害虫有哪些优点? ………………… (32)

47. 如何使用印楝素？ ……………………………………………（33）
48. 使用印楝素的注意事项有哪些？ ………………………（34）
49. 藜芦碱的特点有哪些？ ……………………………………（35）
50. 如何使用藜芦碱？ ……………………………………………（36）
51. 使用藜芦碱需要注意哪些事项？ ………………………（36）
52. 茴蒿素有何特点？ ……………………………………………（37）
53. 如何使用茴蒿素防治害虫？ ……………………………（37）
54. 使用茴蒿素的注意事项有哪些？ ………………………（38）
55. 苦参碱的特点是什么？ ……………………………………（39）
56. 如何使用苦参碱？ ……………………………………………（39）
57. 使用苦参碱需要注意的事项有哪些？ …………………（41）
58. 我国生产苦参碱单剂和混剂的厂家有哪些？ …………（42）
59. 苦皮藤素的特点如何？ ……………………………………（44）
60. 苦皮藤素杀虫机理是什么？ ……………………………（44）
61. 如何使用苦皮藤素？ ………………………………………（45）
62. 使用苦皮藤素注意的事项有哪些？ ……………………（46）
63. 绿保李的特点有哪些？ ……………………………………（46）
64. 如何使用绿保李？ ……………………………………………（47）
65. 使用绿保李注意事项有哪些？ …………………………（47）
66. 茶枯的特点如何？如何使用？ …………………………（48）
67. 蛇床子素的特点如何？ ……………………………………（49）
68. 虫生真菌的主要类群有哪些？ …………………………（50）
69. 白僵菌和绿僵菌是如何杀虫的？ ………………………（50）
70. 我国生产上使用的白僵菌主要有哪些种类？ …………（53）
71. 球孢白僵菌的寄生范围如何？ …………………………（53）
72. 布氏白僵菌的寄主主要有哪些？ ………………………（53）
73. 白僵菌防治害虫有哪些优点？ …………………………（54）
74. 白僵菌杀虫剂有哪些缺点？ ……………………………（55）

75. 使用白僵菌防治各类害虫的一般原则是什么？ ……（56）
76. 如何用白僵菌防治松毛虫？ ……………………（57）
77. 如何用白僵菌防治玉米螟？ ……………………（58）
78. 如何用白僵菌防治稻叶蝉？ ……………………（59）
79. 如何用白僵菌防治果树害虫？ …………………（60）
80. 如何用白僵菌防治茶树害虫？ …………………（60）
81. 如何用白僵菌防治草坪害虫草螟？ ……………（60）
82. 如何用白僵菌防治豆类害虫？ …………………（60）
83. 如何用白僵菌防治地下害虫？ …………………（61）
84. 如何使用白僵菌高孢粉剂？ ……………………（61）
85. 如何用高孢白僵菌防治天牛害虫？ ……………（61）
86. 使用白僵菌注意哪些事项？ ……………………（62）
87. 绿僵菌可防治哪些害虫？ ………………………（63）
88. 如何用绿僵菌防治地下害虫？ …………………（64）
89. 如何用绿僵菌防治蛀干害虫？ …………………（64）
90. 如何用绿僵菌防治桃小食心虫？ ………………（64）
91. 如何用绿僵菌防治蔬菜害虫？ …………………（65）
92. 如何用绿僵菌防治东亚飞蝗？ …………………（65）
93. 使用绿僵菌防治害虫要注意什么问题？ ………（65）
94. 如何用拟青霉防治害虫？ ………………………（66）
95. 如何用块状耳霉防治蚜虫？ ……………………（67）
96. 如何使用蜡蚧轮枝菌防治刺吸类害虫？ ………（67）
97. 苏云金杆菌(Bt)的发现、开发和应用如何？ ……（68）
98. Bt 制剂的主要优点有哪些？ ……………………（69）
99. Bt 制剂的主要缺点有哪些？ ……………………（70）
100. 细菌性杀虫剂的杀虫机理是什么？ ……………（71）
101. Bt 制剂可防治的主要对象有哪些？ ……………（72）
102. 使用 Bt 的一般原则有哪些？ …………………（74）

103. 如何使用 Bt 制剂来防治各类害虫？ …………… (74)
104. 使用 Bt 制剂应注意哪些事项？ ………………… (75)
105. 如何防止害虫出现 Bt 抗性？ ………………… (78)
106. 杀螟杆菌的特点如何？ ……………………… (79)
107. 杀螟杆菌主要可防治哪些害虫？ …………… (80)
108. 如何使用杀螟杆菌？ ……………………… (80)
109. 如何土法生产杀螟杆菌液？ ……………… (81)
110. 使用杀螟杆菌需要注意的事项有哪些？ ………… (81)
111. 青虫菌的特点如何？ ……………………… (82)
112. 如何使用青虫菌？ ………………………… (82)
113. 我国用于生物防治的昆虫病毒有多少？ ………… (83)
114. 病毒杀虫剂是如何生产的？ ……………… (84)
115. 如何收集田间感染害虫继续使用？ …………… (84)
116. 常用的病毒辅助剂有哪些？ ……………… (85)
117. 核型多角体病毒(NPV)的杀虫机理是什么？ …… (86)
118. 如何应用棉铃虫 NPV 防治棉铃虫？ ………… (87)
119. 使用棉铃虫 NPV 时需注意哪些事项？ ………… (87)
120. 如何用油桐尺蠖 NPV 防治害虫？ ………… (89)
121. 如何用杨尺蠖 NPV 防治杨尺蠖？ ………… (89)
122. 如何用斜纹夜蛾 NPV 防治害虫？注意事项有哪些？
………………………………………………… (90)
123. 如何使用苜蓿银纹夜蛾 NPV？ …………… (91)
124. 颗粒体病毒(GV)的杀虫机理如何？ ………… (91)
125. 如何利用菜青虫颗粒体病毒？ …………… (92)
126. 使用菜青虫颗粒体病毒注意事项有哪些？ ……… (92)
127. 如何利用小菜蛾颗粒体病毒杀虫剂？ ………… (93)
128. 如何使用黄地老虎颗粒体病毒？ …………… (93)
129. 如何使用棉褐带卷蛾 GV 防治棉褐带卷蛾？ …… (93)

130. 如何使用苹果小卷蛾 GV 防治苹果小卷蛾？ …… (94)
131. 质型多角体病毒(CPV)杀虫剂的杀虫机理如何？ …… (94)
132. 如何使用松毛虫 CPV？ …… (95)
133. 使用松毛虫 CPV 的注意事项有哪些？ …… (95)
134. 抗生素类杀虫剂有何特点？ …… (96)
135. 阿维菌素杀虫剂的特点如何？ …… (97)
136. 阿维菌素的杀虫机理是什么？ …… (98)
137. 阿维菌素的防治对象主要有哪些？ …… (98)
138. 阿维菌素有多少异名？ …… (98)
139. 如何使用阿维菌素？ …… (99)
140. 使用阿维菌素类杀虫剂的注意事项有哪些？ …… (100)
141. 多杀菌素的特点如何？ …… (101)
142. 如何用菜喜来防治害虫？ …… (102)
143. 如何用催杀防治害虫？ …… (103)
144. 使用多杀菌素制剂的注意事项有哪些？ …… (103)
145. 如何用华光霉素防治害螨？ …… (104)
146. 使用华光霉素应该注意哪些事项？ …… (104)
147. 如何使用浏阳霉素？ …… (104)
148. 使用浏阳霉素要注意哪些事项？ …… (105)
149. 什么是微孢子虫？ …… (106)
150. 昆虫微孢子虫杀虫剂有哪些优点？ …… (107)
151. 昆虫微孢子虫杀虫剂有哪些缺点？ …… (108)
152. 目前可使用的微孢子虫的种类有哪些？ …… (108)
153. 蝗虫微孢子虫可防治的对象有哪些？ …… (109)
154. 如何使用蝗虫微孢子虫？ …… (109)
155. 使用蝗虫微孢子虫的注意事项有哪些？ …… (109)
156. 如何用按蚊微孢子虫防治蚊虫？ …… (110)

157. 如何用枞色卷蛾微孢子虫防治杉树卷蛾？ ……… (111)
158. 如何用玉米螟微孢子虫防治玉米螟？ ………… (111)
159. 如何用黏虫变形微孢子虫防治害虫？ ………… (111)
160. 什么是杀虫线虫？ ………………………………… (112)
161. 如何使用芜菁夜蛾线虫防治蛀干类害虫？ …… (113)
162. 使用芜菁夜蛾线虫的注意事项有哪些？ ……… (114)
163. 如何用褐夜蛾线虫防治荔枝拟木蠹蛾？ ……… (115)
164. 如何用小卷蛾斯氏线虫防治害虫？ …………… (116)
165. 使用小卷蛾斯氏线虫杀虫剂需要注意哪些事项？
…………………………………………………… (116)
166. 赤眼蜂的分类地位和形态特征是什么？ ……… (116)
167. 赤眼蜂防治害虫的杀虫原理是什么？ ………… (117)
168. 我国自然环境中的赤眼蜂的种类和分布情况如何？
…………………………………………………… (117)
169. 赤眼蜂的寄主有哪些？ ………………………… (118)
170. 赤眼蜂的发育历程是什么？ …………………… (118)
171. 哪些主要生态环境因子影响赤眼蜂？ ………… (119)
172. 赤眼蜂如何贮存？ ……………………………… (120)
173. 赤眼蜂防治玉米螟有何优点？ ………………… (120)
174. 赤眼蜂的田间释放要注意哪些问题？ ………… (122)
175. 如何释放赤眼蜂防治玉米螟？ ………………… (124)
176. 如何用赤眼蜂防治果园、农田、菜园和森林中的重要鳞翅目害虫？ ……………………………………… (125)
177. 如何识别蚜茧蜂？ ……………………………… (127)
178. 蚜茧蜂主要种类有多少？ ……………………… (127)
179. 蚜茧蜂的寄主范围如何？ ……………………… (127)
180. 蚜茧蜂杀虫的机理是什么？ …………………… (128)
181. 生态环境中哪些因素可影响蚜茧蜂？ ………… (128)

182. 如何释放蚜茧蜂防治蚜虫？ …………………… (129)
183. 如何识别丽蚜小蜂？ …………………… (130)
184. 影响丽蚜小蜂的因素有哪些？ …………………… (131)
185. 如何使用丽蚜小蜂来防治温室白粉虱？ ……… (132)
186. 常用的可大面积防治害虫的瓢虫种类有多少？
…………………………………………………… (133)
187. 如何识别常见瓢虫的成虫？ …………………… (133)
188. 田间常见瓢虫的生活史和习性如何？ ………… (135)
189. 如何贮存瓢虫越冬？ …………………… (137)
190. 田间如何释放瓢虫防治害虫？ …………………… (138)
191. 田间释放瓢虫应注意什么？ …………………… (139)
192. 如何充分利用瓢虫防治害虫？ …………………… (140)
193. 草蛉的寄主及其常见的种类主要有哪些？ ……… (141)
194. 如何识别常见的草蛉？ …………………… (142)
195. 草蛉生活史和习性如何？ …………………… (144)
196. 如何贮存草蛉？ …………………… (145)
197. 如何使用草蛉防治害虫？ …………………… (146)
198. 释放草蛉防治害虫的注意事项有哪些？ ……… (147)
199. 如何识别智利小植绥螨？ …………………… (148)
200. 智利小植绥螨常见的寄主种类有哪些？ ……… (148)
201. 智利小植绥螨主要生物学特性是什么？ ……… (149)
202. 如何贮存智利小植绥螨？ …………………… (149)
203. 如何使用智利小植绥螨？ …………………… (149)
204. 用智利小植绥螨防治害螨的注意事项有哪些？
…………………………………………………… (150)
205. 如何识别食蚜瘿蚊？ …………………… (151)
206. 食蚜瘿蚊主要生物学特点是什么？ ………… (151)
207. 食蚜瘿蚊可防治哪些蚜虫？ …………………… (151)

208. 如何使用食蚜瘿蚊防治温室内的蚜虫？ ……… (152)
209. 使用食蚜瘿蚊应该注意哪些事项？ ……… (152)
三、生物源杀菌剂 ……… (154)
210. 什么是微生物杀菌剂？ ……… (154)
211. 特力克的主要成分是什么？常见剂型有哪些？ ……… (154)
212. 特力克的作用机制是什么？防治范围有哪些？ ……… (154)
213. 特力克在生产中的使用方法有哪些？ ……… (155)
214. 使用特力克时应该注意哪些问题，才能避免药效下降，有效控制病害？ ……… (156)
215. 灭菌宁是一种什么样的杀菌剂？可防治哪些烟草病害？ ……… (156)
216. 重茬敌是什么样的杀菌剂？应该怎样使用？ ……… (158)
217. 草病灵作为草坪专用生物杀菌剂，都有哪些系列产品，应该如何使用？ ……… (158)
218. 绿泰宝是什么样的杀菌剂？应该怎样使用？ ……… (160)
219. 立信菌王有什么特点？生产中都有哪些使用方法？ ……… (161)
220. 健根宝是什么样的杀菌剂？它对病原菌有怎样的作用效果？ ……… (162)
221. 健根宝可防治哪些病害？怎样使用？ ……… (163)
222. 阿密西达是怎样的杀菌剂？其杀菌机制是什么？ ……… (164)
223. 阿密西达防治粮谷类作物病害时，应怎样使用？ ……… (165)
224. 如何使用阿密西达防治常见蔬菜病害？ ……… (166)
225. 阿密西达可防治哪些果树病害，应如何使用？ ……… (166)

226. 阿密西达对哪些草坪病害具有防除效果，应如何使用？ ……………………………… (167)
227. 使用阿密西达应该注意哪些问题？ ………… (167)
228. 什么叫做抗生素类杀菌剂？它属于生物杀菌剂吗？ ……………………………………………… (168)
229. 武夷菌素能防治哪些病害？有什么样的杀菌机制？ ……………………………………………… (168)
230. 武夷霉素能防治哪些果蔬病害？应该怎样使用？ ……………………………………………… (169)
231. 利用武夷霉素防治粮食经济作物病害和花卉病害应该怎样使用？ ………………………………… (170)
232. 克菌康能防治哪些病害，应如何使用？ ……… (170)
233. 丰灵能防治十字花科哪些细菌性病害，效果如何，要怎样使用？ ………………………………… (171)
234. 农抗 120 可以防治哪些病害，它具有什么样的杀菌作用机制？ ………………………………… (172)
235. 使用农抗 120 时还应注意哪些问题？ ……… (173)
236. 益植灵能防治哪些病害？应该怎样使用？ ……… (173)
237. 农用链霉素属于生物杀菌剂吗？它有几种常用剂型？ ………………………………………… (174)
238. 72%农用链霉素能防治哪些病害，其使用方法怎样？ ………………………………………… (174)
239. 使用农用链霉素泡腾片剂能防治哪些病害？具体怎样使用？ ……………………………………… (175)
240. 农用链霉素在烟草生产中能防治哪些病害，应该怎样使用？ ……………………………………… (175)
241. 春雷霉素有哪些特点，作用机制是什么？ ……… (176)
242. 利用春雷霉素防治稻瘟病时，具体要怎样使用？ ……………………………………………… (177)

243. 井冈霉素是防治水稻纹枯病的特效药吗？
它还能防治哪些病害？ …………………… (178)
244. 使用井冈霉素防治水稻纹枯病及其他病害时，
具体应如何使用？ ………………………… (178)
245. 水合霉素能防治哪些果蔬病害？应怎样使用？
…………………………………………… (179)
246. 新植霉素能防治哪些细菌性病害？具体如何使用？
…………………………………………… (180)
247. 多氧清是生物杀菌剂吗？其作用机制是什么？
…………………………………………… (181)
248. 多氧清有什么特点？ ……………………… (182)
249. 多氧清可防治什么病害？应该怎样使用？ ……… (184)
250. 使用多氧清时要注意哪些问题？ ……………… (186)
251. 梧宁霉素防治苹果腐烂病时，有几种防治方法，具体
应如何使用？ ……………………………… (186)
252. 绿帝的特点是什么？防治病害时应该怎样使用？
…………………………………………… (187)
253. 灰核宁是种什么样的杀菌剂？ ……………… (188)
254. 银果的特点是什么？能防治哪些植物病害？ …… (189)
四、生物源杀病毒剂 ………………………… (190)
255. 菌克毒克的特点如何？能防治哪些植物病害？
…………………………………………… (190)
256. 菌克毒克田间常规使用方法有哪些？ ………… (190)
257. 如何使用菌克毒克防治烟草病毒病？ ………… (192)
258. 抗毒剂 1 号能防治哪些植物病毒病？具体在生产中
应怎样使用？ ……………………………… (192)
259. 什么是植物病毒疫苗？它在生产中应该如何使用？
…………………………………………… (193)

260. 博联生物菌素能预防和治疗哪些植物病毒病？应该如何使用？ …………………………… (195)
261. 83 增抗剂有哪些特点，在生产中应该如何使用？ …………………………… (195)
262. 如何使用毒消防治病毒病？ …………………………… (196)
五、生物源杀线虫剂 …………………………… (197)
263. 灭线宁是一种什么样的杀线虫剂？如何使用？ …………………………… (197)
264. 大豆根保剂的特点是什么？在防治大豆孢囊线虫时应该如何使用？ …………………………… (197)
265. 线虫清有哪些特点？生产中怎样使用？ ………… (198)
六、生物源除草剂 …………………………… (200)
266. 鲁保 1 号是怎样一种除草剂？生产中怎样使用鲁保 1 号来防治菟丝子？ …………………………… (200)
267. 双丙氨磷有哪些特点？其作用机理是什么？ …… (201)
七、生物源杀鼠剂 …………………………… (203)
268. 何谓生物源杀鼠剂？具有杀鼠活性的病原微生物有哪些？ …………………………… (203)
269. 何谓 C-型肉毒梭菌素？它是如何对害鼠产生致命作用的？ …………………………… (203)
270. C-型肉毒梭菌在应用时要如何配制毒饵？ ……… (204)
271. 生产上如何使用 C-型肉毒梭菌防治各类鼠害？ …………………………… (205)
272. 何谓植物杀鼠剂？杀鼠植物的种类有哪些？ …… (207)
八、生物源增抗剂、保鲜剂 …………………………… (208)
273. 北方比多收的主要作用是什么？在生产中应该怎样使用？ …………………………… (208)

274. 990A 植物抗病剂的特点是什么？如何使用来
预防病害的发生？ …………………………… (209)
275. 蔬菜防冻剂在生产中要如何使用？ …………… (210)
276. 生产中要如何使用果树花芽防冻剂？ ………… (212)
277. 蜡质芽孢杆菌在生产中应该怎样使用？ ……… (213)
278. SM 系列水果保鲜剂是什么？ ……………… (214)
279. 什么是利中壳糖鲜？其作用机理是什么？
有哪些系列产品？ …………………………… (214)
280. 利中壳糖鲜在生产中如何进行涂膜？ ………… (216)
281. 生物制剂木酢液在水稻上应该怎样应用，
其使用后的效果如何？ ……………………… (216)
参考文献 ………………………………………… (218)

一、生物农药基本知识概述

☞ 1. 什么是生物农药?

所谓生物农药是指利用生物资源开发的农药。生物农药的定义很多,目前国内外尚无十分准确统一的界定。生物农药传统意义上主要是指可以用来防治病、虫、草等有害生物的生物活体,如利用各种天敌昆虫、细菌、病毒、真菌、线虫等拮抗生物来控制病虫草害的制剂。现在,生物农药的概念已扩展,定义为用来防治病、虫、草等有害生物的生物活体及其代谢产物和转基因产物,还包括人工合成的与天然化合物结构相同的农药,并可以制成商品上市流通的生物源制剂,包括微生物农药(如细菌、病毒和真菌等)、农用抗生素(井冈霉素、农抗120等)、植物源农药(烟碱、苦参碱、印楝素)、生化农药(如动物激素、植物生长调节剂等)、天敌农药(如天敌昆虫等)和转基因农药(如抗病虫草的转基因植物等)等几大类。

☞ 2. 生物农药怎样分类?

生物农药种类很多,为了研究和使用上的方便,有多种不同的分类方式。

(1)按生物源种类分类

可分为植物源农药、微生物源农药和动物源农药。

(2)按用途分类

可分为生物杀虫剂、生物杀菌剂、生物杀螨剂、生物杀线虫剂、生物除草剂、生物杀鼠剂等。

(3)按生物农药成分分类

可分为生物化学农药、微生物农药、转基因生物农药、天敌农药等。

☞ 3. 什么是植物源农药? 植物源农药主要包括哪些类型?

利用植物资源开发的农药称为植物源农药,包括植物杀虫剂、杀菌剂等。按农药的性能划分可分为 7 大类。

(1)植物毒素

植物产生的次生代谢物,该代谢产物对有害生物具有毒杀作用的。例如,具有杀虫作用的烟碱、鱼藤酮、藜芦碱、茴蒿素;具有杀菌作用的大蒜素;具有抗烟草花叶病毒病作用的海藻酸钠等。

(2)昆虫拒食信息物质

植物产生的能抑制某些昆虫味觉感受,从而阻止昆虫取食的活性物质。例如从印楝种子中提取的印楝素和从柑橘种子提取的类柠檬苦素。

(3)植物源昆虫激素

植物体内存在的昆虫蜕皮激素类似物,可人工提取直接利用,如从藿香蓟属植物中发现提取的早熟素具有抗昆虫保幼激素的功能,或人工合成活性更高的类似物,如红铃虫性诱剂。这类物质进入昆虫体内后,可干扰昆虫的生长发育。

(4)引诱剂和驱避剂

植物产生的对某些昆虫具有引诱或驱避作用的活性物质。例如丁香中的丁香油可引诱东方果蝇和日本丽金龟,香茅中的香茅油可驱避蚊虫。

(5)绝育剂

植物产生的对昆虫具有绝育作用的活性物质，主要是破坏昆虫的繁殖系统。例如从巴拿马硬木天然活性物质衍生合成的绝育剂对棉红铃虫有绝育作用。

(6)植保素

当植物被病害感染后，诱导植物产生的抗菌活性物质，如豌豆素等。

(7)异株克生物质

植物产生的某些次生代谢物质，该代谢产物能刺激或抑制附近异种或同种植物(株)的生长，是开发除草剂或植物生长调节剂的潜在资源。如肉桂酸和胡桃醌等。

4. 什么是动物源农药？动物源农药有哪些？

动物源农药是指利用动物资源开发的农药。动物源农药种类很多，按其性能划分为4类。

(1)昆虫信息素

是由昆虫产生的作为种内或种间个体之间传送信息的微量活性物质，又称为昆虫外激素。人们可以直接利用昆虫外激素，或利用根据它们化学结构衍生合成的物质，来影响其他个体的某些行为反应，包括引诱、刺激、抑制、控制取食或产卵、交配、集合、报警、防御等功能，且具有高度专一性。目前，已商品化的昆虫信息素达50种左右，其中应用最多的是性信息素(性引诱剂)。

(2)昆虫激素

是由昆虫内分泌腺体产生的具有调节昆虫生长发育功能的微量活性物质。主要有脑激素、蜕皮激素和保幼激素

3类。人们可以利用这些激素的特殊功能，干扰昆虫的正常生长发育，使昆虫无法觅食、交配、产卵，从而控制害虫危害。如烯虫酯。

(3)天敌动物

直接利用对有害生物具有寄生或捕食作用的天敌动物，通过人工助迁或室内培养繁殖，可以用于防治害虫，即“以虫治虫”，如寄生蜂、捕食性瓢虫等。

(4)动物毒素

由动物产生的对有害生物具有毒杀作用的活性物质。如海洋动物沙蚕产生的沙蚕毒素是最典型的动物毒素，人们根据沙蚕毒素化学结构衍生合成开发的沙蚕毒类杀虫剂有杀螟丹、杀虫环、杀虫双等品种已大量生产应用。

5. 什么是微生物农药？微生物农药有哪些？

微生物农药是指能够用来杀虫、灭菌、除草以及调节植物生长等的微生物的活体及其代谢产物，即活体微生物农药和农用抗生素。主要微生物种类有细菌、真菌、病毒、原生动物、线虫、立克次体等。

(1)农用抗生素

由抗生菌发酵产生的具有农药功能的次生代谢产物，它们都是有明确分子结构的化学物质。现在已经发展成为生物源农药的重要大类，主要包括抗生素杀菌剂和抗生素杀虫、杀螨剂，如井冈霉素、春雷霉素、灭瘟素、农用链霉素、浏阳霉素等。

(2)活体微生物农药

利用有害生物的病原微生物活体作为农药，以工业方法大量繁殖其活体并加工成制剂来应用。按生防微生物分类有:真菌杀虫剂(白僵菌、绿僵菌等)、真菌杀菌剂(木霉菌等)和真菌除草剂(鲁保1号);细菌杀虫剂(苏云金杆菌等)和细菌杀菌剂(亚宝、地衣芽孢杆菌等);病毒杀虫剂(核多角体病毒、颗粒体病毒);微孢子原虫杀虫剂(防治蝗虫的微孢子原虫)。

6. 什么叫菌制剂?

菌制剂主要是指利用活体细菌和活体真菌制备的微生物制剂。按其用途分为杀虫剂(细菌杀虫剂和真菌杀虫剂)和杀菌剂(细菌杀菌剂和真菌杀菌剂)。目前生产上应用较多的细菌制剂有:

①细菌杀虫剂主要是各种苏云金杆菌制剂,也叫Bt,是一种可以使害虫染病死亡的杆状细菌,经过工厂发酵生产,细菌得到大量繁殖,制成细菌杀虫剂,用于田间喷雾防治。应用较多的细菌杀菌剂有菜丰宁B1,可用来拌种防治十字花科蔬菜软腐病。

②目前开发应用真菌制剂相对较少,主要有:真菌杀虫剂有白僵菌、绿僵菌等,真菌杀菌剂有木霉菌等。

7. 微生物农药能够与化学农药混合使用吗?

一般而言,微生物农药可与化学杀虫剂和除草剂混合使用,但是一般不能与化学杀菌剂混合使用。第一,因为微生物农药的有效成分是活体微生物,如真菌、细菌等,化学杀菌剂能够杀死这些活体微生物,或对这些活体微生物的生长发育有抑制作用,从而使微生物农药失去原有的药效。第二,因为有些微生物农药对环境要求严格,如对酸碱等物质敏感等,也不能与化学农药混合使用。

8. 什么是转基因生物农药?

转基因生物是指利用生物技术,按照人们的愿望,在不同物种之间转移并表达不同作用目的基因的生物。1996年美国推出具有抗虫性的转 Bt 基因玉米,随后各国通过转基因分别研制出的抗虫大豆、抗虫棉花、抗虫马铃薯、抗病毒的西葫芦、抗除草剂的玉米等。我国目前研究的转基因植物达 47 种,并有 6 种已被批准进行商业化生产。但这类转基因作物在农业生产上的应用还存在很多争议,由于某些原因有些国家抵制它的使用,有些人担心它的抗性和环境安全性等问题,但转基因生物农药仍然以很快的速度发展和应用。

9. 生物农药的主要剂型有哪些?

制剂的形态称剂型。商品农药都是以某种剂型的形态销售到用户的。生物农药的剂型,因生物来源种类的不同而异。使用较多的是粉剂、可湿性粉剂、水剂、悬浮剂、乳油、活体昆虫、卵卡、蛹卡等。

(1)粉剂

用原药和惰性填充剂,如滑石粉、硅藻土、高岭土、黏土等,按规定比例混合制成。我国粉剂的标准是 95%的粉粒能通过 200 目标准筛,粉剂的优点是耐贮藏,使用方便,喷粉效率高。缺点是不易被水湿润,黏着性差,随风飘失多,浪费药量。生物农药中的粉剂,因含有效成分低,填充物含量大,运销不便,品种较少。

(2)可湿性粉剂

用原药、湿润剂和惰性填充剂,经过机械粉碎而制成的粉状混合物制剂。湿润剂的加入可以改善药剂的性能，该剂型达到的标准为：98％的粉粒通过325目筛，湿润时间小于2 min，悬浮率在60％以上。优点是喷在作物上的黏附性好，防治效果高。缺点是助剂性能不良时，不易在水中分散悬浮均匀，易堵塞喷头，或造成喷雾不匀等影响田间使用效果。

(3)水剂

将原药溶解在水中并加助剂制成。许多易溶于水的抗生素杀菌剂属于这种剂型。其优点是生产成本低，不含有机溶剂，安全性好，喷雾使用后也不污染环境。缺点是黏附性较差，不耐雨水冲刷，贮藏期怕冻。为了使水剂在贮运过程中免于污染变质，加工过程中需加入防腐剂等。

(4)悬浮剂

把难溶于水的固体原药变成液体制剂，使微粒化的固体原药分散于水中所形成的悬浮状的制剂。兼具乳油和可湿性粉剂的特点，如黏附在作物表面比较牢固，抗雨水冲刷，药效较高，适用于各种喷洒方式，如可供飞机微量喷雾等。在生物农药中，苏云金杆菌系列杀虫剂1号就属这种剂型。将苏云金杆菌发酵液经过离心、浓缩、收集芽孢和伴胞晶体的混合物，直接加入乳化剂配制而成。

(5)乳油

农药原药按比例溶解在有机溶剂（甲苯、二甲苯等）中，加入规定量的农药专用乳化剂配制而成的透明均相液体。乳油的优点是有效成分含量高，稀释方便，在作物、虫体和病菌上黏附性和展着性好，药效高。缺点是成本高，保存时需注意防火，另外田间施用后有机溶剂会给环境带来一定污染。

(6)活体昆虫

瓢虫、捕食螨、草蛉等天敌昆虫，通过人工饲养繁殖，进行工厂化生产活虫，再以商品形式销售给农户。农民按技术规程要求，将天敌昆虫释放到田间防治害虫。

(7)卵卡、蛹卡

卵卡是利用被天敌昆虫寄生的害虫的卵或被天敌昆虫寄生的人造卵制成的。如释放赤眼蜂，是利用被赤眼蜂产卵寄生的柞蚕卵粒，在硬纸片上刷上黏着剂，再黏上这种卵粒，制成卵卡。先在低温的冷库中贮存，不使其孵出成蜂。农户在使用前购入这种卵卡，按规定时间挂在田间玉米、大豆等作物上，待几天之后即可孵出成蜂，叫做放蜂，用于控制田间害虫。丽蚜小蜂则是做成蛹卡，销售给农户使用，进行保护地放蜂，防治白粉虱等害虫。

☞ 10. 生物农药的特点是什么？

生物农药来自天然存在的生物及其代谢产物。相对化学农药而言，大多数生物农药具有以下优点：

①选择性强，对人畜安全。不少生物农药具有靶标专一性，使用后只杀伤有害生物，而对人、畜及各种有益生物(包括动物天敌、昆虫天敌、蜜蜂、传粉昆虫及鱼、虾等水生生物)比较安全。

②对自然生态环境安全、无污染。生物农药主要利用自然界已经存在的某些特殊微生物或微生物的代谢产物所具有的杀虫、防病、促生功能。其有效活性成分完全存在和来源于自然生态系统，它的最大特点是极易被日光、植物或各种土壤微生物分解，是一种来于自然，归于自然正常的物质循环方式。

③某些生物源农药的作用方式是非毒杀性的，包括引诱、驱避、拒食、绝育、调节生长发育、寄生、捕食、感染等，可保护天敌。

④病虫不易产生抗药性。虽然生物农药具有许多的优点，但是，任何事物都是一分为二的，生物农药产品与化学农药相比也存在许多本身固有的弱点，主要包括以下几点：防治效果一般较为缓慢；有效活性成分比较复杂；控制有害生物的范围较窄（有些抗生素除外）；防病效果易受到环境因素的制约和干扰；产品有效期较短，质量稳定性较差。

☞ 11. 天然生物农药等于无毒无害吗？

长期以来一直有一种流行的观点，认为凡是来自天然的生物农药都是无毒无害的，对靶标生物、生态和环境是友好，甚至在某些生物农药的说明书和宣传材料中标有“天然产物、无毒、无污染”等字样，这是不科学的、不事实求是的。应该说绝大多数生物农药表现为高效低毒无污染，但是也有少数一些生物农药表现毒性相对较高，是生产A级绿色食品禁止使用的药剂，如阿维菌素。另外，众所周知，有些天然的生物体本身就含有大量对人类有害的物质，如马铃薯中含有剧毒的颠茄碱等，说明天然产物不等于无害。

☞ 12. 如何根据气象条件使用生物农药？

施用生物农药时田间的气象条件严重地影响生物农药对病虫草害的防治效果，主要气象条件有：

(1)温度

生物农药喷施的适宜温度是20℃以上。因为这类农药的活性成分是蛋白质晶体或有生命的活体芽孢、菌体等，低温下蛋白质晶体不易发生作用，不利于生防菌的生长繁殖，芽孢在害虫体内繁殖速度也极慢，因此不能很好的发挥药效。实验表明：在 25～30℃条件下施用生物农药，其药效比在 10～15℃时施用高 2 倍左右。

(2)雨水

雨水会将喷洒在植株上面的菌液冲刷掉，降低药效，但如果在施药后 5 h 下小雨，则不但不会降低药效，反而可提高防效。因小雨对细菌芽孢活动和真菌孢子萌发侵入等有利，害虫食后会加速其死亡。

(3)光照

阳光中紫外线可杀伤生物农药中的细菌芽孢、真菌菌体等制剂中的生物活体，同时可加速生物农药中的生物活性物质(抗生素等)失活。直接阳光照射 30 h 苏云金杆菌的芽孢便可死亡 50%左右，照射 1 min 则死亡率高达 80%，而且紫外线的辐射对蛋白晶体也有变形降效作用。因此生物农药应选择在下午 4 时以后或阴天施用。

(4)湿度

使用生物农药，环境湿度越高，药效越高，尤其是施用粉状生物制剂，只有在高湿条件下药效才能得到充分发挥。因为生物农药中的生物活体(细菌、真菌等)不耐干燥。因此，喷洒细菌或真菌杀虫剂宜在早晚有露水的时候进行，一方面，露水有利于菌剂能较好地黏在植株的茎叶上，增加生物农药与害虫接触的机会；另一方面，有露水能促进生物农药中生物活体的生长和发育，如促进细菌芽孢的萌发、真菌的孢子萌发等，并有利于侵染害虫使其发病。

13. 如何科学使用生物农药?

目前在我国农业生产中使用的生物农药剂型,主要有粉剂、可湿性粉剂、水剂、乳油、悬浮剂、颗粒剂、卵卡和蛹卡、活虫等。和化学农药相比,生物农药一般都无内吸传导性,故要求喷洒均匀、周到,使靶标均匀着药,才能保证防效。释放天敌昆虫,要计算益害比,做到适量释放。使用抗生素类农药,要求药液中有效成分含量达到足以杀灭病菌和害虫的浓度,才能有稳定的防效。

14. 生物农药均匀施药的原因和注意事项是什么?

很多生物农药制剂属于胃毒剂和触杀剂,并极少有内吸传导作用,所以要求做到均匀施药,使生物农药能充分的与杀菌作用部位或害虫虫体接触,这样才能保证防治效果。一般情况下,均应常量喷雾,尽可能使叶片正反两面都着农药。每 667 m^2 的喷液量,以 40～50 L 水为宜。粉剂施用要尽可能利用早、晚田间有露水时进行,以增加药粉附着在植株和害虫虫体上的数量,提高防治效果。风速大时不要喷药,防止飘移浪费药剂。

15. 如何确定生物农药的施药时期?为什么适时施药非常重要?

适时施药应根据防治对象的发育时期和农药品种的特性确定。对大多数生物农药品种而言,因其杀虫速度较慢,一般都在发生初期施药,以便早期控制。触杀型的生物农药，则要求害虫在田间有一定数量时施药，过早施药田间无虫，起不到杀虫作用。诱抗型杀菌剂则要求早施，以诱发作物对病菌的抗性，减轻受害。又如鲁保1号防治菟丝子，则要求大部分菟丝子出土抽茎缠绕作物时施药。过早施药，对后出的菟丝子无效。总之，要根据防治对象的发育时期，结合所用生物农药品种的特点，科学确定适时施药的时间。尽可能减少防治次数，在保证药效的前提下，降低成本。

☞ 16. 如何科学贮存生物农药?

贮存生物农药要注意以下几点：一是要防止在高温或强光下暴晒，防止生物农药失效；二是放在阴凉、干燥通风处；三是配好的药液，要在当天用完，防止水解失效，或生物活体死亡；四是因很多品种是水剂，冬季要放在不冻的低温条件下贮存；五是在保质期内使用完，贮存时间超过保质期的则失效，不可再用。对活体生物制剂更要十分注意贮存条件和贮存时间，避免损失。活体天敌昆虫购入后应在规定的时间内放入田间，不能在一般条件下贮存。如必须贮存时应按其所要求的技术条件，放到在一定温度的冰箱、冷室内短期贮存，抑制天敌昆虫的生长，使其处于休眠状态。

☞ 17. 生物农药的重要作用是什么?

生物农药作为农药的一种，在植物病虫草鼠害的防治中一直起着重要的作用，并使生物防治成为病虫草鼠害综合治理的最重要手段之一。随着无公害农产品生产的发展，人们环保意识的增强，以及为保护生态环境实现农业可持续发展，生物农药正得到更广泛的重视和发展，生物农药已成为一类十分重要的农药。目前，生物农药已在大田作物、蔬菜、果树、花卉上广为使用，生物农药是绿色食品生产和发展无公害农业的重要保证。

☞ 18. 生物农药发展中存在的主要问题是什么？

尽管生物农药在我国具有较悠久的历史，但主要存在以下问题制约着生物农药的发展速度：一是稳定性差，尤其是活体微生物为有效成分的农药制剂，生物活性下降很快，产品的质量保证期短。二是药效反应慢，不具备化学农药用量少、见效快的优点。三是产品价格无优势，由于生物农药开发成本高，与高毒化学农药相比价格较高。国内一些生物农药生产企业，存在规模小、设备差、缺乏资金和技术落后等难题，导致成本偏高。四是由于受目前人们消费观念、农产品市场准入制度、农产品残毒检测手段等多方面因素影响，用高毒农药和生物农药生产的产品在市场上没有明显的价格差别，经济效益提高不明显。五是农业生产者科学使用生物农药的意识和技能不强，需要不断提高。

☞ 19. 为什么要大力发展生物农药？前景如何？

滥用误用化学农药导致的农产品安全问题已引起了社会广泛关注，要从源头上杜绝化学农药残留问题，大力推广生物农药将是一个发展方向，但是实际推广和应用情况却与预期相距甚远。1992 年召开的“世界环境与发展大会”明确提出了“到 2000 年要在全球范围内控制化学农药的销售和使用，生物农药的用量应达 60%”。虽然这个目标尚未达到，生物农药的推广速度还很缓慢，其在整个农药中所占的份额还比较小，而且生物农药在短期内不会完全取代化学农药，但它指明了生物农药发展的趋势和未来。

我国加入世界贸易组织之后，在国际农产品和食品贸易中，将面对苛刻的农药残留标准，这就要求国家进行农药品种结构调整、农业产业结构调整，为生物农药产业化发展提供了政策上的引导和实施上的有力支持。高毒农药的淘汰给生物农药腾出了广阔的市场空间；人民生活水平的提高对生物农药的发展产生迫切要求；国内生态产业逐渐兴起；农民对生物农药认识的不断提高；生物技术的不断发展及其在生物农药中的应用等，这些都为生物农药的快速发展提供了历史上的最好机遇。另外，我国地大物博、资源丰富，有人力和资源优势，发展生物农药符合中国国情。

☞ 20. 如何大力加强生物农药的推广工作?

针对生物农药发展推广和应用中存在的问题，为促进生物农药的尽快推广，政府及有关部门应采取积极措施，扶持和促进生物农药的发展。工商和农药主管部门应对目前农药市场进行清理整顿，使农药市场更有利于绿色农药的推广和应用；农业技术推广和销售部门应加强推广和普及生物农药的力度，增强农民的环保意识，增进农民对生物农药的了解；生产厂家务必确立“质量第一”的观念，采取切实措施，抓好质量管理，并合理确定价格。只有这样才能使生物农药走上良性发展轨道，从而促进生物农药的推广。有关部门、推广应用单位和生产企业应抓住时机，根据国际和国内生物农药的发展形势，有选择地推广生物农药。农民朋友也应根据国际国内市场绿色食品的需求，选择使用生物农药。

二、生物源杀虫、杀螨剂

☞ 21. 目前生产上使用的植物杀虫剂主要有哪些种类？

目前，生产上应用防治害虫的植物杀虫剂的种类主要有：烟碱制剂、鱼藤制剂、苦参碱制剂、茴蒿素制剂、川楝素制剂、除虫菊类等。在我国已经注册的植物杀虫剂种类有：烟碱、除虫菊、鱼藤酮、百部碱、苦参碱、氧化苦参碱、川楝素、印楝素、茴蒿素、藜芦碱、茶皂素、骨酯素、异羊角纽甙、莨菪碱、马钱子碱、莰酮以及棉籽碱、牛儿醇、蓖麻油、鱼尾汀碱、螟蜕素等。

另外还在其他许多植物中分离出具有杀虫效果的物质，如在雷公藤、苦皮藤、除虫菊、黄杜鹃等植物中分离出杀虫好的物质。此外，有些植物性油类：如苦楝油、山苍子油、香茅油、肉桂油等也可应用于防治害虫。

☞ 22. 植物源杀虫剂的缺点有哪些？

目前，国内外对植物杀虫剂的利用发展缓慢，主要原因是由植物杀虫剂自身一些不足所决定的。

(1)药效缓慢

植物杀虫剂一般是缓效型药剂，不像化学农药属即杀型，农民难以接受，因此很多公司目前不看好植物杀虫剂的市场前景。

(2)价格稍高

植物杀虫剂的有效成分含量常常很低，造成生产成本较高，其高价格也给市场推广造成一定难度。

(3)标准化生产难

植物有效杀虫成分含量因产地、季节和气候等因素而不同，造成产品难以标准化生产。

(4)植物资源有限

特别是对需要采种的杀虫植物，还可能会对当地的生态环境造成一定影响，这也限制了植物杀虫剂的发展。

☞ 23. 烟碱的种类和作用方式是什么?

烟碱又称蚜克和尼古丁，为植物源杀虫剂。烟碱通常是指烟草碱及其类似物的生物碱的总称。自然界中存在量较大的烟碱有烟草碱、假木贼碱和原烟草碱 3 种，其中应用最多的是烟草碱。烟碱类化合物存在于烟草属、假木贼和某些茄科、菊科和景天科的某些植物中。烟草中以烟草碱为主，存在于整个烟草植株中，平均含量为 4%，以叶片含量最多，叶主脉次之，茎部含量最少。烟草植株越老烟草碱含量越多。烟草贮存时间长烟草碱含量降低。游离的烟草碱杀虫效果最高，因此烟草溶液的酸碱度对杀虫能力影响极大。烟碱制剂可广泛用于大棚蔬菜、果树、园林、森林等害虫的防治。

碱性烟草碱溶液杀虫效果最好，酸性条件下烟草碱形成盐不易渗透细胞膜。烟草碱按作用方式分为 3 类：

(1)挥发性烟草碱

即游离烟草碱，有强挥发性，具有较强的熏蒸和触杀作用，一般在使用后 1 天内大部分挥发掉，因此持续期较短。

(2)不挥发性烟草碱

即不游离的烟草碱，挥发慢，对害虫有触杀作用，熏蒸作用极弱，防效较低。硫酸烟碱和假木贼碱属于此类。使用时最好加入适量肥皂，使其变成挥发性以提高触杀效力。

(3)固定性烟草碱

为完全不能挥发、不溶解于水的化合物。因此仅具胃毒作用，如鞣酸烟草碱。由于此类化合物合成成本过高，没有大量使用。

烟草碱在植物中以柠檬酸盐或苹果酸盐形式存在，极易被水浸出成为水溶性有机酸烟草碱盐类，再经石灰水或其他碱性化合物处理即成为游离挥发性的烟草碱。烟草碱可和多种酸作用生成盐，如盐酸烟草碱、硫酸烟草碱、酒石酸烟草碱、苦味酸烟草碱、油酸烟草碱、椰子油脂肪酸烟草碱、蓖麻油脂肪酸烟草碱等。烟草碱的盐类较稳定，残效期长。目前已开发出了某些烟草碱盐类或者用烟碱跟其他药剂复配的商品杀虫剂。

烟碱杀虫活性较高，主要起触杀作用，兼有胃毒和熏蒸作用，还有一定杀卵作用，对植物组织有一定的渗透作用，但无内吸作用。纯烟草碱是无色油状液体，遇光和空气变褐，烟碱被分解成氧化烟草碱、烟草酸和甲胺而有奇臭味和强刺激性。烟碱对人、畜中毒，对鱼、贝类毒性小，对作物药害轻。生产中使用的烟草碱制剂有2%水乳剂和10%的乳油等剂型，因有效成分含量低使用时相对安全。

24. 烟碱防治害虫有何优点?

烟碱是从烟叶中提炼出来的植物杀虫剂，对害虫有强烈的触杀、胃毒和熏蒸作用。其优点主要有：

①低毒、低残留。

②用量低。

③在环境中易分解，无污染。

④有效期较长，达20天左右。

⑤对害虫不易产生抗药性。

⑥杀虫广谱。

25. 如何使用烟碱防治害虫？

(1)防治棉蚜

在蚜虫发生初期，每667 m^2用2%水乳剂300～500 mL，对水40～50 kg喷雾，残效期7天，或者用10%的乳油50～70 g对水40～50 kg喷雾。

(2)防治其他害虫

如蔬菜、茶叶、果树、水稻等作物上的蚜虫、夜蛾、蓟马、椿象、大豆食心虫、潜叶蝇以及水稻上的三化螟、飞虱、叶蝉等害虫，用2%水乳剂稀释800～1 200倍液，均匀喷雾，残效期7天。

(3)防治椿象、飞虱、黄条跳甲、叶蝉、潜叶蛾等害虫

每667 m^2用烟草粉末3～4 kg直接喷粉。或1 kg烟草粉末拌细土4～5 kg，在清晨露水较多时撒施。

(4)防治菜青虫、小菜蛾、蓟马、菜蚜、麦螨等害虫

可自行用烟草下脚料配制烟草水剂。配制方法：用烟叶、烟筋、烟茎等下脚料直接用清水浸泡，烟草和清水的重量比例为烟草下脚料：水＝1：(6～8)，浸泡12～14 h，浸泡时揉搓烟草1次，换水4次，1 kg烟草下脚料可揉出24～32 kg液体，用纱布过滤后就可田间喷雾。

(5)用烟叶土法制造

1 kg 烟叶泡入 10 kg 热水，揉搓后捞出再放入另 10 kg 清水中揉搓。合并 2 次揉搓液，使用时与 10 kg 石灰水(其中含石灰 0.5 kg)混匀后喷雾，防治蚜虫、蓟马、椿象等。

(6)防治松毛虫

可用烟碱烟剂，引火拉燃启动，在幼虫 3～4 龄及以下时每公顷用药量为 15～22.5 kg。

26. 使用烟碱防治害虫的注意事项有哪些?

①该药以触杀为主，无内吸作用，喷药时务必均匀周到。

②使用时不宜与酸性农药混用。

③安全间隔期为 7～10 天。

④该药中毒，经口摄入，口内有烧灼感，急性中毒初始出现恶心、呕吐、腹痛、腹泻、出汗、流涎、心动过速、血压升高、呼吸增快、头昏、眩晕、烦躁不安、怕光、视听觉障碍等，随后逐步恢复；大剂量中毒出现肌颤、心前区疼痛、呼吸困难、面色苍白、抽搐和神经麻痹等。

⑤烟碱中毒的急救措施：ⓐ清洗排毒：经口中毒神志清楚者先催吐后洗胃，神志不清者立即插胃管洗胃。洗胃液可用 1%～3%鞣酸液或浓茶水，洗后再服浓茶或鞣酸；还可用碘酊 5～8 滴加水 100 mL 或 10%碘化钾溶液 3～5 mL 加水 50 mL 口服，每小时 1 次，连续 2～3 次。皮肤污染立即用大量清水或浓茶水冲洗和肥皂水彻底洗净。呼吸道吸入者立即脱离现场，并吸新鲜空气或氧气。ⓑ呼吸衰竭处理：出现呼吸衰竭应迅速人工呼吸通气，此时不宜给呼吸兴奋剂。ⓒ阿托品：可解除早期出汗、流涎等症状，而

且还可防止烟碱对心脏的损害，一般用 0.5～1 mg 做皮下或肌内注射，必要时应重复使用。

⑥在稀释液或浸出液中加入适量的肥皂和石灰等碱液能够提高药效。还可加入适量的湿润剂和增效剂茶皂素。

⑦自行配制烟草浸出液应该注意防护，戴手套操作。

⑧施药不要污染河流和在养蚕场所使用。

⑨本品易挥发，贮存时应该密封。田间稀释混配药剂随配随用。

27. 如何使用油酸烟碱?

油酸烟碱又名毙蚜丁、HUN-植物杀虫剂，是一种中等毒性的植物源杀虫剂。制剂为棕褐色液体，在低温下贮存稳定，由烟碱(10%)和蓖麻油酸(17.5%)复配制成。对昆虫和螨类有胃毒、触杀及熏蒸作用。

防治棉花的棉蚜并兼治红蜘蛛：在棉花 3～4 片真叶期，卷叶率为 20%～30%，百株蚜量近 2 000 头时施药。每 667 m^2 用 27.5%乳油 100～150 mL，对水稀释成 500～1 000 倍液，喷雾。根据虫情，隔 7 天左右喷第 2 次，连续防治 2～3 次。

防治蔬菜、果树、茶树、小麦、水稻、烟草、花卉等作物上害虫：可防治蚜虫、菜青虫、螨类、飞虱、叶蝉和 3 龄以下的棉铃虫等害虫。用 27.5%乳油稀释 300～500 倍喷雾，隔 5～7 天喷 1 次，连续防治 2～3 次。使用时注意事项同烟碱。

28. 如何使用皂素烟碱来防治害虫?

皂素烟碱是由茶皂素和烟碱经混配而制成的植物源广

谱杀虫、杀螨剂。茶皂素是从山茶科油茶种子提取的一种糖苷化合物。以触杀作用为主，具一定杀卵作用，但无内吸作用。可防治多种作物上的蚜虫、螨类和蚧类等害虫。制剂为棕褐色液体，耐雨水冲刷，可在阴雨、潮湿条件下施用且防效更好。本品低毒，对人畜和环境安全，在作物上无残留，因此适宜在生产绿色食品中使用。生产上常用的剂型有27%皂素烟碱可溶剂和30%的茶皂素·烟碱水剂。

使用方法：用27%可溶剂稀释300倍后在害虫发生初期喷雾，并根据虫情间隔5～7天喷1次，连喷2～3次。喷雾时叶片正反面都应均匀喷到以充分发挥药剂的触杀作用。30%的茶皂素·烟碱水剂防治蔬菜上的菜青虫和蚜虫每667 m^2用量为7.5～10 g，对水均匀喷雾。注意事项同烟碱和油酸烟碱。

☞ 29. 除虫菊素的特点如何？

除虫菊素又名除虫菊酯和除虫菊，是从除虫菊的花中加工而来的植物源杀虫剂。除虫菊是世界上唯一集约化栽培的杀虫植物，属于菊科多年生草本植物，其花朵中含0.6%～1.3%的杀虫有效成分除虫菊素和灰菊素。除虫菊素纯品为黄色黏稠油状液体，有同花一样的清香味。遇碱或在强光和高温下可分解失效。商品制剂有0.5%粉剂和3%乳油等剂型。

除虫菊杀虫谱广，击倒力强，残效期短。具强触杀作用，微弱胃毒作用，无熏蒸和传导作用。主要用于防治卫生害虫，如蚊、蝇、臭虫、虱子、跳蚤、蜚蠊、衣鱼等。在农业上主要用于防治农作物、林木、果树等多种害虫，如蚜虫、蓟马、飞虱、叶蝉和菜青虫、叶蜂、猿叶虫、金花虫、椿象等。除虫菊素低毒，对人畜无害，使用安全，不污染环境。

由于除虫菊的高效杀虫，根据除虫菊的化学结构目前人工合成了大量的拟除虫菊酯仿生杀虫剂，在生产上推广使用的品种有：丙烯菊酯、溴氰菊酯、氰戊菊酯、氯菊酯、高效氯氰菊酯、顺式氟氯氰菊酯、溴氟菊酯、顺式氰戊菊酯、甲氰菊酯、高效氟氯氰菊酯、联苯菊酯、氯氰菊酯、乙氰菊酯、戊菊酯、醚菊酯、顺式氯氰菊酯、氟氯氰菊酯、四溴氰菊酯等。

30. 如何使用除虫菊来防治害虫？

(1)喷粉

防治棉蚜、菜蚜、蓟马、飞虱、叶蝉、菜青虫、猿叶虫、叶蜂等，每667 m^2喷0.5％粉剂2～4 kg，在无风的晴天喷洒。

(2)喷雾

防治蚜虫、蓟马、猿叶虫、金花虫、椿象、叶蝉等多种蔬菜及果树害虫，用3％乳油，对水稀释成800～1 200倍液，喷雾。根据虫情隔5～7天后再喷1次。

(3)土法生产

夏秋把即将开放的除虫菊花朵采摘下来阴干后磨粉，过120～150目筛。0.5 kg除虫菊粉加200～300倍的水，并酌加肥皂做成悬浮液，搅匀后喷洒，可防治农业上的多种害虫，或把除虫菊草整个浸泡在20倍的水中，也有良好的防治效果。

(4)制作蚊香

把下列物质按照一定比例混合配制：除虫菊粉50％，榆树皮粉48％，萘酚1％和色粉1％配在一起，再加入一定量的水调成糊状，就可制成蚊香。

(5)利用秸秆

在秋末土壤上冻前，将除虫菊茎秆截碎埋入地下可杀死越冬害虫。还可将除虫菊干品粉碎撒入牲畜圈舍内，可使禽畜外体不生虱子、跳蚤、臭虫等寄生虫，夏季可控制蝇蛆，防止疾病传播。

(6)果林园套栽除虫菊

每 667 m^2 果林套栽除虫菊 200 株，每 3～4 m^2 栽一株，可有效地抑制害虫进入果园，减免使用化学农药的危害。

31. 使用除虫菊应该注意什么事项?

①本剂不宜与碱性药剂混用，如波尔多液等。

②除虫菊素对害虫击倒力强，但常有复苏现象，特别是药剂浓度低时，因此药剂的浓度要适当，浓度太低会降低药效。

③本剂对蝗虫、介壳虫和螨类的药效可能较低，防治地下害虫也远不如有机磷杀虫剂，因此生产上可适当加大剂量或不用本剂来防治这些害虫，而选择其他药剂。

④除虫菊无内吸作用：因此喷药要周到细致。

⑤贮存：药剂应保存在阴凉、通风、干燥处，严防高温、日晒。在保质期内用完，以防失效。

⑥除虫菊对鱼、蜈蚣、蛙、蛇等动物有毒麻作用，注意鱼池周围不要使用。

⑦生产上使用的除虫菊类似物——拟除虫菊酯类农药在连年或一年连续多次施药后害虫很快产生抗药性，因此使用除虫菊也应该注意使用浓度、次数以及农药的轮用，以防出现害虫的抗药性。

⑧由于除虫菊制剂的有效成分光稳定性较差，田间使用后持效期较短，因此更适宜于卫生害虫和贮粮害虫的防治。

32. 鱼藤酮的特点有哪些？

鱼藤酮又名鱼藤、毒鱼藤，是从鱼藤属等植物中提取的一种有杀虫活性的物质，是三大传统植物源杀虫剂之一(另外两种是烟碱和除虫菊)。鱼藤酮存在于鱼藤属、灰叶属、鸡血藤属、梭果属、紫穗槐、猪屎豆等植物中。藤酮对昆虫的作用方式较多，以触杀和胃毒为主，无内吸性，如对菜粉蝶幼虫等昆虫有强烈的触杀作用和胃毒作用，对日本甲虫有拒食作用，对某些鳞翅目害虫有生长发育抑制作用。鱼藤作用谱广，可对 15 目 137 科 800 多种害虫具有一定的防治效果，尤其对蚜、螨类害虫效果较好，是治蚜历史悠久植物农药。对谷象、杂拟谷盗成虫以及杂拟谷盗和谷斑皮蠹幼虫也具一定的拒食活性。鱼藤酮杀虫作用缓慢，常数天后才死亡，但杀虫作用较持久，可维持 10 天左右。

33. 鱼藤酮的作用机制如何？

鱼藤酮及其混剂的作用机制主要是抑制昆虫的呼吸作用，抑制谷氨酸脱氢酶的活性，与 NADH 脱氢酶与辅酶 Q 之间的某一成分发生作用，使害虫细胞线粒体呼吸链中电子传递链受到抑制，从而降低生物体内的能量载体 ATP 水平，最终使害虫得不到能量供应，然后行动迟滞、麻痹而缓慢死亡。

此外，还能破坏中肠和脂肪体细胞，造成昆虫局部变黑，影响中肠多功能氧化酶的活性，使药剂不易被分解而有效地到达靶标器官，从而使昆虫中毒致死。

☞ 34. 鱼藤酮及其混剂主要有哪些种类？

我国目前已经生产出多种鱼藤制剂，已注册登记的部分鱼藤产品种类见表1。

表1　鱼藤酮部分产品的种类

产品名称	登记作物	防治对象	有效成分	生产厂家
1.3%鱼藤·氰乳油	蔬菜	蚜虫、菜粉蝶	0.8%鱼藤酮＋0.5%氰戊菊酯	广东德庆县西江植保化工厂
	十字花科蔬菜	菜粉蝶		广东丰顺县农药厂鱼藤精分厂
7.5%鱼藤·氰乳油	叶菜类蔬菜	小菜蛾	4%鱼藤酮＋3.5%氰戊菊酯	广东德庆县西江植保化工厂
2.5%鱼藤酮乳油	果树、蔬菜	蚜虫	鱼藤酮	广东云浮县农药厂
	叶菜类蔬菜	蚜虫等		广东广州农药厂
	叶菜类害虫	蚜虫等		广东丰顺县农药厂鱼藤精分厂
7.5%鱼藤酮乳油	叶菜类蔬菜	蚜虫等	鱼藤酮	广西南宁施绿工程公司
25%水胺·鱼藤乳油	柑橘	矢尖蚧	24%水胺硫磷＋1%鱼藤酮	广西柑橘研究所

续表 1

产品名称	登记作物	防治对象	有效成分	生产厂家
4%高渗鱼藤酮乳油	十字花科蔬菜	蚜虫	鱼藤酮	河北天顺生物工程有限公司
鱼藤酮原药			鱼藤酮	河北天顺生物工程有限公司
绿之宝桶混剂	甘蓝	菜粉蝶	0.2%苦参碱+1.8%鱼藤酮	江苏滨海县农药厂
5%鱼藤粉剂			鱼藤酮	丰顺县汤西嘉兴福利化工厂
3.5%高渗鱼藤酮乳油			鱼藤酮+植物渗透剂	河北省冀州市星火助剂厂

35. 如何使用鱼藤酮防治害虫?

(1)防治蔬菜和果树蚜虫

在田间蚜虫发生始盛期喷药,每 667 m^2 用 2.5%乳油 100 mL,对水 40～50 kg,每 667 m^2 使用的有效成分为 25 g,拌匀后田间喷雾,根据田间蚜虫发生情况,连喷 2～3 次。

(2)防治菜青虫、二十八星瓢虫、猿叶虫、黄守瓜、黄条跳甲、菜螟

用 4%粉剂 1 kg,中性肥皂 0.5 kg,对水 200～300 kg,或用 5%鱼藤精 250 g,对水 400～500 kg 喷雾。

(3)防治菜蚜、豆蚜、棉蚜

用鱼藤粉 0.5 kg,中性肥皂 0.5 kg,在早晨露水未干时喷粉。

(4)防治食用菌跳虫(烟灰虫)、木耳伪步行虫

用4%的鱼藤精粉稀释500～800倍液喷雾。

36. 使用鱼藤酮注意事项有哪些?

①遇强光、高温易分解。药液应随用随配,当天用完,以防分解失效。

②本剂为中等毒性杀虫剂,对人、畜安全,对作物安全,但鱼类对本剂极为敏感,不宜在水生作物上使用,并注意不要使鱼塘、河流遭到污染。对家蚕高毒,因此不能对饲养家蚕用的桑树使用。

③该药能有效地防治多种作物上的蚜虫,安全间隔期为3天。

④本剂遇碱分解,因此不能与碱性农药混用。

⑤药剂应贮存在阴凉、黑暗处,并远离火源。

⑥鱼藤酮中毒症状:皮肤污染局部出现瘙痒、疼痛、红肿和丘疹,用手可挤出米粒状物。呼吸道吸入粉尘,可致鼻黏膜干燥、鼻前庭炎、咽干和舌麻。

⑦鱼藤酮中毒急救处理:经口中毒选用2%～4%碳酸氢钠液洗胃,忌用油类泻剂,同时禁用油酒类食物。皮肤污染局部用肥皂水和清水冲洗,眼部污染用2%碳酸氢钠液冲洗。

37. 楝素有何特点?

楝素又称川楝素、苦楝素、绿保威、果蔬净和蔬果净,是从楝科植物川楝和苦楝的树皮和种核中分离而来的一种植物源杀虫剂。具胃毒、触杀和拒食等作用。楝素对多种害虫具有很高杀虫效果。较低浓度的楝素对小菜蛾、菜粉蝶、三化螟、白脉黏虫、亚洲玉米螟等幼虫表现出较强拒食活性，明显抑制菜粉蝶的生长发育。其提取物可引起稻瘿蚊产卵忌避反应，抑制水稻铁甲虫、尘污灯蛾、方背皮蝽、墨西哥瓢虫、小菜蛾及中华稻蝗的生长发育，并能抑制多种贮粮害虫如玉米象、米象与绿豆象的繁殖。楝素制剂可防治蔬菜、果树、烟草、茶叶、瓜类等多种作物上的鳞翅目害虫，对蔬菜蚜虫、小麦蚜虫等防效较好，对小菜蛾也有一定防效。楝素毒性低，对人、畜和天敌安全，在环境中易于分解不会造成残毒和污染，且不易产生抗药性，是一种优良的植物杀虫剂。生产上使用的剂型是0.5％楝素杀虫乳油。

38. 楝素是如何杀虫的？

楝素主要作用于昆虫的神经系统和消化系统。在作用于与取食有关的化学感受器时，使之丧失对食物刺激的正常敏感性，抑制感觉冲动传入。如楝素可抑制黏虫幼虫下颚须栓锥感受器与下颚瘤状体栓锥感受器破坏神经系统内取食信息的传递，使害虫失去味觉功能而表现出拒食。楝素也影响害虫消化系统和解毒代谢。如可抑制菜粉蝶幼虫消化系统蛋白酶和淀粉酶的活性造成中毒害虫中肠蛋白质含量持续下降，并抑制幼虫解毒酶如多功能氧化酶、酯酶及其同工酶的活性。这样当害虫取食和接触药物后，可破坏中肠组织，阻断中枢神经传导，破坏各种解毒酶系，干扰呼吸代谢作用，影响消化吸收，丧失对食物味觉功能，表现出拒食，最终导致害虫生长发育受阻而逐渐死亡，或在蜕皮变态时形成畸形虫体，重则麻痹，昏迷致死。

☞ 39. 如何使用楝素？

防治如菜青虫、小菜蛾、甜菜夜蛾、菜螟、食心虫、金纹细蛾、斜纹夜蛾、烟粉虱、斑潜蝇等害虫，应在 2～3 龄幼虫期施药，使用剂量是每 667 m^2 用 0.5％乳油 50～100 mL，有效成分为 0.25～0.5 g，加水 50～60 kg 稀释后喷雾。防治食叶类毛虫可用 0.5％乳油稀释 1 000～2 000倍喷雾。

☞ 40. 使用楝素的注意事项是什么？

①本剂不宜与碱性农药混用。

②为增加展着性，在稀释农药时可加入喷液量 0.03％的中性洗衣粉。

③本剂作用较慢，一般在 1 天后生效。因此，不要随意加大用药量。

☞ 41. 速杀威的特点如何？如何使用？

速杀威是 5％烟碱与楝素混配的植物源杀虫剂。对害虫主要是触杀和兼胃毒作用。具有低毒、高效、无残留、不污染环境等优点。适用于防治多种农林植物上的蚜虫、螨类及鳞翅目幼虫等害虫，如蔬菜蚜虫、红蜘蛛、菜青虫、小菜蛾；花卉和中药材蚜虫、红蜘蛛；柑橘红蜘蛛以及林木蚜虫、夜蛾、绢野螟等。本混配剂尤其适宜安全间隔期要求短的瓜果、蔬菜等作物上应用，对生产 A 和 AA 级蔬菜绿色食品有重要意义。防治上述害虫可用 5％乳油对水稀释 400～500 倍后喷雾，间隔 5～7 天喷 1 次，连喷 2～3 次。注意事项同烟碱和楝素。

42. 烟百素有何特点？如何使用？

烟百素是由烟碱、百部碱、楝素3种植物源农药混配而成的植物源杀虫剂。1.1%烟百素乳油商品名又叫绿浪。对害虫具较强的触杀和胃毒作用。杀虫谱广，可防治鳞翅目、双翅目、同翅目、半翅目的多种害虫。药剂在作物上的消失极快，无残留，对人、畜低毒和不污染环境，可防治蔬菜、果树、烟草、棉花、茶树、甘蔗、中药材、花卉和森林等作物上多种害虫，包括菜青虫、小菜蛾、蚜虫、白粉虱、美洲斑潜蝇、尺蠖、叶蝉、红蜘蛛、葱蓟马、螟虫、茶毛虫、烟青虫、蚧壳虫、棉铃虫等。尤其是对小菜蛾有特效，且无交互抗性，可替代菊酯类和有机磷类农药。生产上用1.1%烟百素乳油稀释1 000～1 500倍喷雾，持效期为7～10天。施药最好在下午5时后进行，并视虫情连喷2～3次。防治豇豆红蜘蛛在红蜘蛛盛发期用1.1%绿浪乳油稀释500倍，每667 m^2按有效成分为1.32 g，喷雾；防治假眼小绿叶蝉可稀释500～800倍喷雾。

43. 使用烟百素需注意哪些事项？

①本剂不能与碱性农药混用，稀释用水要尽量选用中性水，水温宜在30℃以下。

②施药应在害虫发生初期，以防为主，虫龄较低时进行防效更好；对老龄幼虫及虫害发生重的地块，用药浓度和用药量可适当加大。

③喷药时注意安全操作和防护。可戴风镜保护眼睛，若药液溅入眼睛立即用大量清水冲洗。

④喷药时间：春秋季节：上午在10时前，下午4时后；

夏季上午 8 时前，下午 6 时后，阴天全天均可喷药。

⑤露天喷药后如 2 h 内下雨，应雨后补喷，以保证使用效果。

⑥使用喷雾器喷药时力求所喷药液呈雾状，多喷叶片背面，使害虫充分接触药液，以达到理想的防治效果。

⑦为降低抗药性的产生，注意和其他药剂交替轮换使用。如用稀释 500～800 倍的 1.1%绿浪乳油和 1%苦参碱醇液在防治茶小绿叶蝉时交替使用。

☞ 44. 印楝素有何特点？

印楝素又名爱禾，是从印楝树种子提出来的植物源杀虫剂。对昆虫具很强的触杀，拒食、抑制生长发育、胃毒、忌避、抑制呼吸、抑制昆虫激素分泌和降低昆虫生育能力等多种生理活性，其中以触杀、拒食、忌避和抑制生长发育作用尤为显著。在极低浓度下具有抑制和阻止昆虫蜕皮、降低昆虫肠道活力、抑制昆虫成虫交配产卵的作用。

印楝素对光敏感，暴露在光下会逐渐失去活性，在低于 20℃下稳定，温度较高时会加速其降解。在中性条件下较稳定，在碱性和强酸液中不稳定。微生物的活动会加快印楝素的降解。从结构上，印楝素含有一些不饱和键，这些键极易发生质子转移反应，使印楝素不稳定，印楝抽提物和纯品中的水分会加速其降解。

杀虫谱较广，持效期长，可在无公害粮食、蔬菜、茶叶、水果生产中可防治 250 多种农、林、仓储和卫生害虫，对鳞翅目、鞘翅目和双翅目等害虫效果较好，如柑橘作物上的红蜘蛛、锈蜘蛛、蚜虫、潜叶蛾、粉虱；蔬菜上的小菜蛾、菜青虫、烟青虫、棉铃虫以及茶小绿叶蝉、茶黄蓟马以及各类蝗虫。印楝素对人、畜、鸟类和蜜蜂安全，对天敌影响也较小，可在自然环境中降解、无残留，且不易产生抗药性，特别适用于防治已有抗药性的害虫。

45. 印楝素是如何杀虫的?

印楝素对昆虫的作用机理为直接或间接通过破坏昆虫口器的化学感应器而产生拒食作用。影响中肠的消化酶活性使食物营养转换不足从而影响昆虫生命力。高剂量的印楝素可直接杀死昆虫，低剂量的则使昆虫停止发育，出现永久性的幼虫或畸形蛹、成虫。印楝素可抑制脑神经分泌细胞的功能，降低促前胸腺激素的合成与释放；影响前胸腺对蜕皮激素的合成和释放，以及影响咽侧体对保幼激素的合成和释放，导致昆虫血淋巴内激素水平失调，同时抑制昆虫卵黄原蛋白合成而导致不育。印楝素类化合物与昆虫体内的某些激素化学结构非常相似，这些类似物进入昆虫体内，对昆虫体自身的激素平衡起破坏作用，使脑和其他各腺体功能紊乱，从而干扰昆虫的行为和发育生理，导致胚后发育不正常以致生殖能力降低或丧失，降低昆虫的种群数量。同时害虫不易区分这些激素类似物是体内固有的还是外界强加的，所以它们既能够进入害虫体内干扰害虫的整个生命过程从而杀死害虫，又不易引起害虫对其产生抗药性，此类昆虫激素类似物与脊椎动物激素的结构差异很大，所以它们能杀死害虫又对人畜无毒。

46. 印楝素防治害虫有哪些优点?

(1)对人畜安全

因其结构只与昆虫体内蜕皮甾类激素相似而对高等动

物不起作用或作用很低。

(2)对天敌安全

印楝素作为激素影响剂,在害虫体内积累非常少,且常被转化,故对捕食性和寄生性天敌较为安全。

(3)对环境安全

印楝素在高温、光照、辐射等自然条件下易降解,残留量很低甚至无残留,不污染环境。

(4)杀虫活性高、杀虫谱广

在无公害粮食、蔬菜、茶叶、水果生产中可防治 250 多种农、林、仓储和卫生害虫。

(5)不易诱发抗药性

印楝素在昆虫体内各种酶的作用下,形成各种类似物而杀虫活性不变,这使害虫不容易产生抗药性,从而表现出杀虫效果的持续性。

☞ 47. 如何使用印楝素?

(1)防治蔬菜害虫

如菜青虫、斑潜蝇、跳甲等。用 0.3%的乳油稀释 800~1 200 倍喷雾。0.3%印楝素乳油对小菜蛾药效与药量成正相关,可以高剂量使用,每 667 m^2 用 150 mL 对水喷雾使用或对水稀释 400~500 倍喷雾。由于小菜蛾多在夜间活动,白天活动较少,因此施药应在清晨和傍晚进行。

(2)防治水稻害虫

如螟虫类、叶蝉类、飞虱类、蹈蝗等,用 0.3%的乳油稀释 1 500~2 000 倍喷雾。

(3)防治棉花害虫

如叶螨类、棉铃虫、蓟马类等,用 0.3%的乳油稀释

1 500～2 000 倍喷雾。

(4)防治茶树害虫

如蚜虫、茶毛虫、卷叶蛾、尺蛾、螨类等。用 0.3%的乳油稀释 1 000～1 500 倍喷雾。防治茶树上的茶小绿叶蝉可用 0.3%印楝素乳油稀释 400～600 倍喷雾。

(5)防治烟草害虫

如烟蚜、烟草夜蛾等,用 0.3%的乳油稀释 1 500～2 000 倍喷雾。

(6)防治果树害虫

如螨类、卷叶蛾类、潜叶蛾类等,用 0.3%的乳油稀释 1 000～1 500 倍喷雾。

(7)防治柑橘害虫

如红蜘蛛、锈蜘蛛、蚜虫、潜叶蛾、粉虱等:用 0.3%印楝素乳油对水稀释 1 000～1 300 倍喷雾。间隔 8～10 天后根据虫情可连续使用。

(8)防治林木害虫

如松毛虫、毒蛾类、松梢螟等,用 0.3%的乳油稀释 1 500～2 000 倍喷雾。

(9)防治芸豆美洲斑潜蝇

在为害初期,用 0.5%印楝素乳油对水稀释 600～800 倍喷雾。

48.使用印楝素的注意事项有哪些?

①应在幼虫发生前期预防使用,与非碱性叶面肥混合使用效果更佳。

②施药应在阴天和黄昏前能充分发挥其药效。

③不能用碱性水进行稀释,也不能与碱性化肥、农药混

合使用。

④贮存应放置于阴凉干燥处，避免阳光照射，保质期2年。

⑤为提高防效，可将0.3%印楝素乳油和等量的护卫鸟牌农药展着剂（北京啄木鸟新技术开发公司出品）混合后，稀释1 000倍田间使用。

⑥使用间隔期为7～10天，用于预防时间隔期可延长至15天左右。

⑦在高温、强光可分解降低活性，因此应该避免中午时使用。

⑧其药效较缓，使用后一般1周左右药效才能达到高峰，因此生产上应在虫害初期用药，以减少虫害造成的损失。

⑨蔬菜和果树上使用，注意安全间隔期为5天。

☞ 49. 藜芦碱的特点有哪些？

藜芦碱又名虫敌、护卫鸟、赛丸丁、西伐丁，是从某些百合植物中提取的植物源杀虫剂，是多种生物碱的混合剂。纯品为结晶，制剂为草绿色或棕色透明液体。藜芦碱制剂是从喷嚏草的种子和白藜芦的根茎中提取的。对昆虫具触杀和胃毒作用。杀虫机制是药剂接触虫体表皮或经取食进入消化道后，造成局部刺激，引起反射性虫体兴奋，抑制害虫中枢神经活动导致死亡。本品对人畜低毒，不污染环境，残留低，药效持效10天以上，比鱼藤酮和除虫菊的持效期长。主要应用防治大田作物、果树、蔬菜和林业害虫，如棉铃虫、菜青虫、蚜类。生产上常用剂型有0.5%藜芦碱醇溶液、0.5%藜芦碱可溶性液剂和5%～20%的粉剂。

☞ 50. 如何使用藜芦碱?

(1)防治菜青虫

在菜青虫3龄前，甘蓝进入莲座期施药，每667 m^2用0.5%藜芦碱醇溶液50～100 mL对水40～50 kg，或用水稀释到500～800倍，均匀喷雾，持效期可达2周，还可兼治其他鳞翅目害虫和蚜虫。

(2)防治棉蚜

在棉花百株卷叶率达5%，有蚜株率大于30%或每叶片有蚜虫30～40头时施药，每667 m^2用0.5%藜芦碱醇溶液50～100 mL对水40 kg即稀释400～800倍喷雾，并可兼治低龄棉铃虫。

(3)防治棉铃虫

在棉铃虫卵孵化盛期施药，每667 m^2用0.5%藜芦碱醇溶液50～100 mL对水40 kg喷雾，可兼治棉蚜。

(4)防治烟草上的烟蚜

用0.5%藜芦碱醇液对水稀释1 000倍喷雾，防效在69%～82%。

(5)防治其他作物蚜虫

对蔬菜、瓜类、中药材等作物上的蚜虫，每667 m^2用0.5%藜芦碱醇溶液50～100 mL对水40 kg喷雾。

☞ 51. 使用藜芦碱需要注意哪些事项?

①本剂不可与强酸和碱性农药混用。

②本剂易光解，应在避光、低温、通风和干燥条件下保存。

③因贮存时有少量沉淀，使用前要先摇匀后再用。

④要在害虫低龄阶段使用:如棉铃虫在1～3龄幼虫期使用死亡率较高,而4龄以上时使用则防效较差,因此要在棉铃虫低龄阶段使用。

52. 茴蒿素有何特点?

茴蒿素又名山道年,是以茴篙为原料提取的植物源杀虫剂,主要杀虫成分为山道年,其纯品为白色晶体或粉末,日光下易变黄,性质稳定,但遇酸碱分解。茴蒿素的制剂为茶褐色液体,主要是以天然植物茴蒿、除虫菊为原料和中草药等为辅料,再为添加增效剂和稳定剂制成的水剂,主要杀虫成分为山道年和百部碱。茴蒿素对昆虫具触杀、胃毒兼有杀卵作用,属广谱杀虫剂,可防治果树、蔬菜、棉花、农作物等植物上的多种害虫,如菜青虫、菜蚜、桃小食心虫、春尺蠖、白小食心虫、红蜘蛛、茶黄螨、天牛幼虫、光肩星天牛、梨粉蚜、麦蚜等害虫,对榆兰金花虫有特效,对大豆蚜虫也有一定防效。茴蒿素既杀虫又灭卵,并能促进植物生长,对人畜毒性极低,对环境安全,因此适于绿色食品生产中使用。生产上使用的剂型是0.65%水剂,此外,茴蒿素(0.63%)和百部碱(0.25%)按照一定比例还可复配成0.88%的双素·碱水剂。

53. 如何使用茴蒿素防治害虫?

(1)防治蔬菜害虫

如蚜虫类、菜青虫、韭蛆、茶黄螨等害虫,每667 m^2用0.65%水剂100～250 mL,对水60～80 kg,或稀释400～600倍喷雾,根据虫情连续使用2～3次。防治菜蚜时浓度可稍微高一些,如300～400倍液。

(2)防治柑橘蚜虫

每 667 m^2 用 0.65%水剂 200 mL 对水喷雾，连续使用 2～3 次。

(3)防治辣椒茶黄螨

每 667 m^2 用 0.65%水剂 80～100 mL 对水喷雾，连续使用 2～3 次。

(4)防治果树害虫

如苹果黄蚜、尺蠖、桃小、梨粉蚜、梨木虱、天牛幼虫、梨小食心虫、红蜘蛛和天牛幼虫，将 0.65%的水剂加水稀释到 500～800 倍喷雾，连续用药 2～3 次。防治天牛幼虫用稀释后的药剂用布条蘸药液堵洞。

(5)防治棉花害虫

如棉铃虫和棉蚜，每 667 m^2 用 0.65%水剂 80～100 mL对水喷雾，连续使用 2～3 次。

(6)防治园林树木害虫

如光肩天牛、白小食心虫、步曲、国槐尺蠖等害虫，用 0.65%的水剂加水稀释到 500～800 倍喷雾。

(7)使用双素·碱防治蔬菜、瓜类上的蚜虫、菜青虫和黄守瓜等害虫

在害虫发生初期使用，用 0.88%的双素·碱水剂 100～150 mL 对水 40～60 kg 或稀释 300～400 倍后喷雾，间隔 7～8 天喷 1 次，连续喷 2～3 次。

54. 使用茴蒿素的注意事项有哪些？

①本剂不可与酸性或碱性农药混用。

②使用前需将药液摇匀后再加水稀释，并在当天用完，以保证药效。

③贮存在阴暗处，不得风吹日晒。有效期为 2 年。

55. 苦参碱的特点是什么？

苦参碱又名苦参素，0.26％的水剂又称绿宝清，1.1％的粉剂又称康绿功臣，都是从豆科苦参中提取的植物源杀虫剂。纯品为白色粉末，制剂为深褐色液体。具有触杀和胃毒作用。苦参碱是一种广谱性杀虫剂，对多种作物上的蚜虫、螨类、菜青虫、小菜蛾、韭蛆、地下害虫等有明显防效。杀虫机制主要是麻痹神经中枢，促使虫体蛋白质凝固，堵塞虫体气孔，使害虫窒息而死。对人、畜毒性低，不污染环境，适于生产绿色食品使用。商品剂型有粉剂、水剂、乳油和可溶性液剂。另外还可从苦参根提取氧化苦参碱，其特点跟苦参碱类似。

56. 如何使用苦参碱？

(1)拌种

防治地下害虫和韭蛆。每千克蔬菜种子经浸种后，用 0.1％苦参碱粉剂 100～200 g 拌匀，然后播种。未浸过的种子，每千克种子喷水 50～100 mL 拌后使种子湿润，再撒入 100～200 g 0.1％苦参碱粉剂拌匀后播种。

(2)毒土防治韭蛆

每 667 m^2 用 0.1％苦参粉剂 2～3 kg，拌细土或细沙 15～20 kg，撒施或移栽前撒入移植穴内。老韭菜地宜适当增加用药，每 667 m^2 用粉剂 3～4 kg，提高防效。韭菜在扣棚撒药，深锄 1 次，使药粉混入土中，3～4 天浇 1 次水。在第 1 茬韭菜收获后，再按每 667 m^2 撒施药粉 2～3 kg，混细土 15～20 kg，然后撒施，并锄入土中，3 天后浇水。

(3)灌根防治韭蛆

每667 m^2用1.1%的粉剂2 kg对水500 kg,混匀后顺垄灌根,持效期1个月左右,能有效控制韭蛆危害,且对韭菜安全无毒,值得推广,以替代高残留高毒农药提高韭菜食用的安全性。

(4)防治蔬菜、花卉害虫

包括蚜虫、菜青虫、小菜蛾、叶螨、木虱、食心虫、白粉虱等。在发生初期,用0.26%水剂(又名绿宝清)对水稀释成600~800倍液喷雾。

防治蔬菜上蚜虫、小菜蛾和菜青虫还可用0.04%水剂,在发生初期对水稀释到400倍液喷雾,间隔3~5天喷1次,连续喷施2~3次。防治小菜蛾还可用0.38%乳油或水剂,在2龄前对水稀释1 000~1 500倍喷雾。防治蔬菜潜叶蝇可用0.3%苦参碱乳油稀释1 000倍,发生期喷2~3次可控制其为害。

(5)防治棉花、烟叶、茶叶害虫

包括棉蚜、棉铃虫、烟青虫、尺蠖、茶毛虫等。在叶蝉发生初期,用0.26%苦参碱水剂对水稀释成600~800倍液,喷雾。防治茶小绿叶蝉还可用0.3%苦参碱水剂在叶蝉低龄幼虫期对水稀释1 000倍后喷雾。

(6)防治玉米、小麦害虫

包括玉米螟、麦蚜、红蜘蛛等。在发生初期,用0.26%水剂对水稀释成600~800倍液喷雾。

(7)防治果树害虫

包括食心虫、蚜类、红蜘蛛、星毛虫、桃蛀螟、潜叶蛾等。在发生初期,用0.26%水剂对水稀释500~700倍后喷雾。防治苹果黄蚜用0.3%苦参碱水剂稀释1 000倍后喷雾。

防治梨二叉蚜和桃瘤头蚜还可用 0.8%苦参碱·内酯水剂，防治梨二叉蚜稀释 800 倍，防治桃瘤头蚜稀释 800～1 000 倍液喷雾。

(8)使用氧化苦参碱防治蔬菜害虫

氧化苦参碱常用剂型有 0.1%氧化苦参碱水剂和0.5%、0.6%的氧苦·内酯水剂。防治菜青虫用 0.1%氧化苦参碱水剂在低龄幼虫期每 667 m^2 用 60～80 mL 对水 40 kg 喷雾，或对水稀释到 500～800 倍喷雾，喷药时间最好选在阴天下午 4 时以后，1 天内喷施 2 次则效果更佳。氧化苦参碱使用的注意事项同苦参碱。

☞ 57. 使用苦参碱需要注意的事项有哪些?

①本剂不宜与碱性农药混用。

②喷雾使用时，阴天害虫不活动时不宜施药。

③保存在低温冷凉和通风处，保质期 2 年。

④苦参碱制剂速效性和持效性较差，生产中注意和其他农药混配或轮用以增防效。

⑤相同的剂型不同的厂家防治相同害虫推荐的使用剂量差异较大，可能是原材料或加工技术对防效有影响造成的，生产中应该结合自已当地害虫发生的实际情况合理使用。

⑥使用前将液剂、水剂或乳油等剂型药剂用力摇匀，再对水稀释。安全间隔期 2 天。

⑦苦参碱水剂以触杀为主，胃毒为辅，因此喷药中，应掌握好喷药质量，尽量使虫体着药，以提高防效。

⑧喷施药剂时间最好选在阴天下午 4 时后，1 天内喷施 2 次则效果更佳。

58. 我国生产苦参碱单剂和混剂的厂家有哪些?

苦参碱制剂是目前登记最多植物源杀虫剂。到 2002 年,不同厂家的 42 个产品涉及到苦参碱,单剂有 28 个品种,混剂有 14 个品种。苦参碱制剂的剂型主要有乳油、水剂、粉剂和可溶性液剂。部分厂家、生产的剂型、登记防治对象和使用剂量见表 2,防治害虫时可选择使用。

表 2 国内登记生产的苦参碱农药

剂型		生产厂家	登记防治对象
单剂	1.1%苦参碱粉剂	北京绿土地生化制剂有限公司	小麦地下害虫
		山西绿丹中草药有限公司	韭蛆
	0.36%苦参碱可溶性液剂	河北南和瑞祥生化有限公司	梨黑星病
	0.38%苦参碱可溶性液剂	北京岳发生物杀虫剂有限公司	蚜虫
	1%苦参碱可溶性液剂	内蒙古赤峰保绿农药有限公司	菜青虫、菜蚜
	0.38%苦参碱乳油	江苏省锡山市美化工厂	菜青虫
	0.2%苦参碱水剂	山东青岛中垦化工有限公司	苹果红蜘蛛
		山东潍坊农发中草药杀菌剂有限公司	菜青虫
		山东兖州中草药农药厂	红蜘蛛

续表 2

剂型		生产厂家	登记防治对象
单剂	0.26%苦参碱水剂	山西绿丹中草药有限公司	蚜虫
			菜青虫
		陕西宝鸡绿洲化工有限公司	菜青虫
	0.3%苦参碱水剂	北京中农欣绿业植物保护剂有限公司	蚜虫、菜青虫
		河北承德三友植物农药厂	黏虫
			蚜虫、菜青虫
		河北石家庄植物农药研究所	菜青虫
		山东安邦绿色工程有限公司	菜青虫
	0.36%苦参碱水剂	北京三浦草绿色植物制剂有限公司	菜青虫
			蚜虫
		河南郑州东方农药厂	菜青虫
		辽宁盖州熊岳植物杀虫剂厂	蚜虫
	0.5%苦参碱水剂	江苏南通神雨绿色药业有限公司	菜青虫
混剂	20%苦·硫·氯钙水剂	山东成武县有机化工厂	辣椒病毒病
	3.2%苦·氯乳油	内蒙古临河兴科药业有限公司	蚜虫
			菜青虫

续表 2

剂型		生产厂家	登记防治对象
混剂	12.4%氧苦・内酯水剂	山东济南蓝天生物制药有限公司	菜青虫、蚜虫
	1.5%苦・氰乳油	山西德威生化有限公司	蚜虫、菜青虫
	0.6%苦・小檗乳油	天津科安生物制品厂	苹果轮纹病
	0.6%苦・烟乳油	河南滑县五星实业集团公司	蚜虫

59. 苦皮藤素的特点如何?

苦皮藤素是从卫矛科南蛇藤属多年生木质藤本植物苦皮藤提取而来的一种植物源杀虫剂。对害虫具较强胃毒、拒食、驱避和触杀作用。1%苦皮藤素乳油外观为棕红色澄清液体,对温度、光、酸碱均稳定,在田间持效期可达 10～14 天。对鳞翅目幼虫、蚜虫等有较好的防效,可防治绿色行道树、茶树、绿色蔬菜等高附加值作物的害虫。苦皮藤对哺乳动物、鸟类、鱼类、蜜蜂、瓢虫及土坡微生物等安全,无残留,不污染环境,可应用于绿色果品和蔬菜生产中害虫的防治。目前苦皮藤素制剂的开发的剂型有 0.2%和 1%苦皮藤素乳油和 0.15%苦皮藤素微乳剂。

60. 苦皮藤素杀虫机理是什么?

苦皮藤素制剂中有效杀虫成分不是单个物质,而是一系列具有二氢沉香呋喃多元酯结构的化合物共同起作用,其中活性最高的是毒杀成分苦皮藤素Ⅳ和麻醉成分苦皮藤素Ⅴ。苦皮藤素Ⅴ主要作用于昆虫消化系统，可能和中肠细胞质膜上的特异型受体相结合，从而破坏了膜的结构，造成肠穿孔，昆虫大量失水而死亡。苦皮藤素Ⅳ既作用于神经与肌肉接点也作用于肌细胞。对昆虫飞行肌和体壁肌有强烈毒性，明显破坏肌细胞的质膜和内膜系统（如线粒体膜、肌质网膜和核膜）以及肌原纤丝。质膜的断裂和消解影响动作电位的产生与传导；线粒体结构的破坏导致肌肉收缩缺乏能量供应；肌质网的破坏直接影响钙离子释放与回收；肌原纤维的破坏导致肌肉不能正常收缩。苦皮藤素Ⅳ损伤肌细胞结构最终麻痹昆虫，主要表现为虫体软瘫麻痹，对外界刺激无反应。

61. 如何使用苦皮藤素？

（1）防治菜青虫和小菜蛾

用 0.2％苦皮藤素乳油稀释 1 000～1 500 倍喷雾，或每 667 m^2 有效成分 7.5～10.5 g，折成 1％苦皮藤素乳油商品量为 50～70 mL，对水 60～75 kg 稀释，均匀喷雾。防治小菜蛾还可用 0.15％苦皮藤素微乳剂，每 667 m^2 使用 106～133 mL 对水 50 kg 稀释后均匀喷雾。

（2）防治槐尺蠖

用 0.2％苦皮藤乳油稀释 1 500 倍喷雾。稀释 1 000 倍对一般化学农药难以防治的世界性害虫小叶蛾防治可稳定在 90％以上，持续期可达 2 周。

（3）防治金龟子成虫

于危害期用 0.2％的苦皮藤乳油稀释 2 000 倍后树上喷雾。

(4)防治黄刺蛾

在低龄阶段用0.2%的苦皮藤素乳油稀释2 000倍喷雾。

(5)防治马铃薯叶甲和二十八星瓢虫

可用0.2%苦皮藤素乳油稀释500～1 000倍均匀喷雾,但1 000倍稀释液对叶甲幼虫防效较差,需用较低的稀释倍数如500倍防治幼虫。

62. 使用苦皮藤素注意的事项有哪些?

①田间喷洒要均匀。

②苦皮藤素对大龄幼虫也具有很好防效,但为了保证防效最好在低龄幼虫期使用。

③0.15%的微粒剂和乳油相比,可降低有效成分的用量,减少有机溶剂的用量,使得制剂更符合环保的要求。使用时按照说明书上推荐的浓度使用。

④贮存应该在阴凉通风干燥之处。

⑤本剂对皮肤轻度刺激性,对眼睛中度刺激性,田间使用时应该注意防护。

63. 绿保李的特点有哪些?

绿保李是以中药杜仲为主要原料的复方制剂,是一种植物源杀虫剂,其主要成分为杜仲甙、杜仲胶、京尼平甙和植物油等。对害虫具触杀和兼有杀卵作用。作用机理是药剂浸入虫体后,迅速抑制害虫的神经及呼吸系统,同时有效分解虫体内蛋白,导致害虫死亡。本剂对人无毒,无残留,持效期长,不产生抗药性。对红蜘蛛、蚜虫、蓟马等刺吸类害虫有特效,20 min即可见害虫死亡,触杀死亡率为

80%～95%。使用1～7天内当药液干后向植物上喷洒少量清水或植物遇雨水、雾水，可起第二次杀虫作用。除了杀虫作用外还有对真菌、细菌引发的病害及多种病毒病分别具有明显的防治和预防作用。本剂还可被植物吸收，具叶面施肥功效，并促进植物生长和改善其品质的作用。

64. 如何使用绿保李？

(1)防治刺吸类害虫

防治红蜘蛛和蓟马加水稀释400倍喷雾；防治蚜虫和美洲斑潜蝇稀释200～400倍，喷雾。杀红蜘蛛和蚜虫卵稀释倍数也是400倍。

(2)防治蚊、蝇幼虫

加水稀释150倍喷雾。

(3)防治鳞翅目幼虫

加水稀释150倍喷雾，也可杀卵。

65. 使用绿保李注意事项有哪些？

①药剂的配制：因本药剂黏度高，配制药液时，先打开瓶盖将本药在瓶内搅匀，然后盖紧盖倒过来摇匀，这样才能全部倒出，单凭摇晃，晃不均，摇晃不均会大大降低杀虫效果。

②二次稀释：第一次稀释，按倒出药液数量加水5～20倍摇晃均匀；第二次稀释，把第一次稀释液倒入喷药桶内，按所需比例摇晃均匀后方可喷洒或浸泡。稀释后2 h内喷洒完毕。

③本产品属触杀剂，杀虫时必须喷到害虫身上，喷洒药液量应充足，喷洒时应注意害虫寄生部位，做到仔细周到。

④在田间使用最好在清晨或傍晚无风、相对湿度较大时喷洒为宜。在田间空气干燥、风速过大或日照强烈的气候条件下使用会降低药性。

⑤喷洒部位:本药要注重害虫为害部位,如蚜虫在植物嫩叶、嫩枝上为害,要针对性地喷洒到生虫部位,无虫部位不喷或少喷药液,以集中药液避免浪费。

⑥不能与其他农药及其他产品混合使用:被农药污染很重的植物,先用清水喷洗植物,叶面水干后立刻喷洒高浓度本药,可以杀灭害虫。用过其他药品的药具须清洗干净后方可使用本药。

⑦为提高防效,在干燥环境可先浇地,并在植物上喷洒清水,待叶面上无水滴即潮而无水时立刻喷洒本药。

⑧本剂因有抑菌作用,禁止在食用菌类植物上使用。

⑨在果蔬防腐保鲜时,应掌握好药剂浓度和浸泡时间,喷洒时要均匀。

66. 茶枯的特点如何?如何使用?

茶枯是油茶果实即油茶籽经榨油后的余渣饼,属一种植物源农药。有效成分是皂角甙素。茶枯水浸出液呈碱性,具良好的湿润展布性。茶枯饼和茶枯液可广泛在蔬菜、水稻、果树、茶叶、花卉等作物上使用,防治蜗牛、田螺、蚂蟥、稻飞虱、稻叶蝉、红薯小象甲和地下害虫等害虫。茶枯无污染、无残毒、耐贮耐用,药效长久,但由于茶枯含有对鱼有毒的皂角甙素,因此使用时应注意不要污染鱼塘等水域。田间使用方法如下:

(1)防治稻飞虱、叶蝉、蚂蟥

每 667 m^2 用茶枯 20 kg 捣碎,在晴天中午水稻田水晒热时撒施，施后不排水。

(2)防治蜗牛

用茶枯 3～4 kg 捣碎，加水浸泡 8 h 后滤渣，滤液加水 50～75 kg 喷洒。

(3)防治红薯小象甲和蛴螬

每 667 m^2 用茶枯 15～20 kg，粉碎，加水浸泡 7 天，加草木灰 50 kg 拌和，在播种和扦插前作基肥施用。

(4)防止烟草、辣椒等作物蝼蛄

可直接用茶枯饼磨成粉，在播种前作基肥施用。

(5)防治菜地蜗牛和蛞蝓

将茶枯饼(块)捣碎，用双层纱布包好，按 1∶4 的茶枯和水的比例加入温水，浸泡 0.5 h，并揉搓制得茶枯原汁液。在蔬菜地当蜗牛和蛞蝓爬附叶片危害后，用原液对水稀释 500～1 000 倍选晴天或阴天下午喷雾。在蜗牛和蛞蝓发生季节只施药 2 次即可收到满意效果。

67. 蛇床子素的特点如何?

蛇床子素是从伞形科植物蛇床中提取的一种植物源杀虫剂。对害虫以触杀作用为主，胃毒作用为辅。对十字花科蔬菜菜青虫和茶树茶尺蠖有较高防效，可防治茶尺蠖、棉铃虫、甜菜夜蛾及各蚜类等多种害虫。其作用机理是在药液通过体表吸收进入昆虫体内后作用于害虫神经系统，导致害虫肌肉非功能性收缩，最终衰竭而死，但对高等动物低毒。常用剂型有 0.4%蛇床子素乳油。

使用方法：①防治十字花科蔬菜菜青虫，用 0.4%乳油每 667 m^2 用 80～120 mL 对水 50～75 kg 均匀喷雾，每 667 m^2 有效成分为 0.32～0.48 g。②防治茶树尺蠖，每

667 m^2用0.4%乳油100～120 mL对水50～75 kg，有效成分0.4～0.48 g，均匀喷雾。持效期为7天左右。

68. 虫生真菌的主要类群有哪些？

虫生真菌即昆虫病原真菌，是由真菌病原体寄生昆虫引起昆虫死亡的一类真菌寄生物。被寄生的昆虫体表常常覆盖明显的菌丝、子实体或各种颜色的分生孢子。目前世界上已知的虫生真菌有800多种，我国有150多种。其中鞭毛菌、接合菌、子囊菌、担子菌和半知菌各有2,20,57,2和67种。可形成微生物杀虫剂的虫生真菌主要在接合菌和丝孢纲，如接合菌中的虫霉目各属；半知菌中的白僵菌属、绿僵菌属、拟青霉属、轮枝孢属、野村菌属、镰刀菌属等。有些虫生真菌的寄主非常广，如白僵菌的寄主可达700多种，绿僵菌也有200多种。在生产上常用作生物防治的虫生真菌主要有：白僵菌，绿僵菌、拟青霉等。我国自20世纪70年代大量生产白僵菌以来，大多就地取材，生产的标准化较差，生产上常用的剂型有：油剂、乳剂、颗粒剂、粉剂、可湿性粉剂、黏胶制剂等。

69. 白僵菌和绿僵菌是如何杀虫的？

白僵菌和绿僵菌都是虫生真菌，杀虫机理类似。侵染方式是经口和气门侵染，但主要的方式是经皮肤侵染，其分生孢子在昆虫体表上萌发，借助芽管侵入体内，直接导致害虫感染，而不像Bt需害虫取食进入体内才感染致死，因此白僵菌和绿僵菌等虫生真菌具触杀效果，对防治刺吸类和地下害虫是很有利的。

杀虫真菌感染昆虫的入侵机理包括酶的作用和机械

作用。白僵菌通过田间撒菌粉或喷雾，大量分生孢子除通过气门或口进入虫体内外，主要是与虫体表面接触，在一定温湿度下孢子吸水膨胀长出芽管。芽管在其顶端形成能够分泌黏液的附着胞，附着在表皮上，同时分泌表皮分解酶溶解与附着胞连接的表皮以便于发芽管的侵入。芽管的附着胞伸出侵入菌丝，钻进表皮，然后形成平板状菌丝，以机械压力逐渐侵入其内侧的表皮层，最后到达真皮。白僵菌入侵虫体时，多数孢子萌发后形成1～2个发芽管，并同时分泌几丁质酶和蛋白质毒素。侵入虫体内的芽管，在血淋巴中和由血淋巴传送到达的组织内繁殖，形成菌丝。菌丝生长吸收虫体养分，并不断产生草酸钙，或消耗脂肪细胞的细胞质和细胞核使细胞萎缩，破坏害虫各组织。菌丝在体内不断产生芽生孢子，芽生孢子再形成菌丝体，如此不断繁殖，菌丝充满于虫体内并侵入肌肉，损坏虫体运动机能。芽生孢子和菌丝体弥漫于血淋巴中不但妨碍了昆虫血淋巴的循环，而且菌丝的代谢产物如草酸钙类在血淋巴中大量积累，使血淋巴变混浊，改变血淋巴的理化性状，害虫的新陈代谢机能紊乱而死亡。最后菌丝强烈吸收虫体水分使虫体变得僵硬形成僵病。当外界湿度适宜，虫体内菌丝沿着气门和环节间膜处伸出体外，生成气生菌丝，然后其顶端再产生分生孢子，这些孢子再侵入其他害虫。

另外，真菌分泌的毒素对杀虫也起重要作用。常见杀虫真菌如白僵菌属、虫草属、虫霉属、绿僵菌属和拟青霉属等营养物中都分离出多种杀虫毒素。这些毒素可促使害虫组织衰变，破坏细胞器的膜结构，干扰神经系统的正常功能，增加氧的消耗，干扰蜕皮或变态。

白僵菌侵入虫体后，害虫在发病初期，活动呆滞，食欲减退，静止时体侧倾，萎靡无力。虫体失去原有色泽，有的出现黑褐色病斑。随病情发展，虫吐黄水，或排软粪，虫尸内部组织一般都分解和液化。刚死亡的虫体都很松弛，几小时后开始变硬。1～2 天后在虫体的口器、气门和节间膜生成白色棉状白毛即菌丝，3～4 天后菌丝长满石灰状白粉即分生孢子。

白僵菌这种通过吸取害虫水分及养分致使虫体内生理代谢障碍、混乱而死亡的杀虫机理与化学农药依靠自身毒力作用杀虫有着根本不同，因此白僵菌不仅对幼虫、蛹、成虫等各虫态均能侵染，而且对害虫次代还有持效作用。通常受白僵菌侵染的害虫即使不僵死，也会因食量及活动量减少、生长缓慢、体重减轻而不能化蛹；就是能化蛹也因其蛹重减轻而不能羽化；能羽化的，成虫体重减轻而不能产卵；能产卵的，产卵量减少并且卵重减轻，卵不能孵等，直接影响着下一代虫口密度及其生长发育。因此，使用白僵菌防治害虫具有经济、高效、对人畜无毒无害无副作用、不污染环境等优点，是环境保护的理想生物杀虫剂，值得推广应用。

绿僵菌的致病机理跟白僵菌类似，也是病原真菌侵染与寄主昆虫自身防御相互斗争。绿僵菌侵入寄主并造成流行包括 5 个过程：分生孢子附着于表皮并萌发；分生孢子芽管穿透寄主体壁；分生孢子芽管穿透寄主体壁后形成定殖状态的虫菌体；在寄主体内增殖并分泌毒素导致寄主死亡并形成僵虫；在僵虫表面和体内产生分生孢子，成为再次侵染源，最终从个体行为的传播实现群体效应的致病流行过程。

☞ 70. 我国生产上使用的白僵菌主要有哪些种类?

白僵菌属于丝胞纲丛孢梗孢目丛梗孢科白僵菌属,该属目前有7个种,我国仅发现2种,即球孢白僵菌和布氏白僵菌,前者应用最广,后者主要是用来防治地下害虫——蛴螬。

☞ 71. 球孢白僵菌的寄生范围如何?

球孢白僵菌的寄生范围极广,主要寄主昆虫有鳞翅目、鞘翅目、膜翅目、同翅目、双翅目、半翅目、直翅目、等翅目、缨翅目、脉翅目、革翅目、蚤目、螳螂目、蜚蠊目和纺足目等15目149科521属707种。此外,球孢白僵菌还可以侵染蛛形纲及多足纲等节肢动物中的蜱螨目寄主6科27属13种。生产上多用于防治松毛虫、松叶蜂、松尺蠖、松梢螟、松小蠹、天牛、女贞尺蛾、玉米螟、甘薯象甲、麦蝽象、棉红蜘蛛、大豆食心虫、菜青虫、马铃薯象甲、桃小食心虫、板栗象甲,地老虎、金龟甲、蝼蛄和叩头虫、叶甲、蝽、蝗、叶蜂、叶蝉、蚊、蚁等害虫。在我国主要用来防治田间的甘薯象甲、大豆食心虫、糜地老虎、玉米螟、棉铃虫、黏虫、稻黑尾叶蝉、稻飞虱、三化螟、稻苞虫类、茶树小黄卷叶蛾、茶毛虫、三叶草夜蛾、甜菜象甲、油菜象甲、金龟甲、叶甲、油菜尺蠖、马铃薯二十八星瓢虫、菜青虫、甘蓝夜蛾、苹果蠹蛾、桃小、天牛、松毛虫等害虫。

☞ 72. 布氏白僵菌的寄主主要有哪些?

布氏白僵菌在国内主要用来防治地下害虫金龟子。布氏白僵菌寄生范围是鞘翅目、双翅目、鳞翅目、同翅目、直翅目和膜翅目等6目13科37种害虫。鞘翅目中有胸斑星天牛、黄星天牛、柳杉天牛；菜豆象、山茶象、黑葡萄耳象、玉米象；东北和华北大黑鳃金龟、暗黑鳃金龟、锯齿鳃金龟、欧洲和东方五月鳃金龟、铜绿金龟、柳杉丽金龟和四纹丽金龟；双翅目的埃及伊纹、背点伊纹、赛拉伊纹、五带淡色暗蚊、尖音库纹、环喙库纹和脉毛蚊；鳞翅目的隐纹谷弄蝶、大螟、台湾稻螟、三化螟、蔗蝶蛾、小蔗杆草螟、柚木野螟；同翅目的二点黑尾叶蝉；膜翅目的窃盗蚁和直翅目的墨西哥黑蝗。

73. 白僵菌防治害虫有哪些优点?

(1)无残留

白僵菌防治害虫的过程是一种生命替代另一种生命的运动过程，它通过对害虫的寄生作用来达到杀死害虫的目的，生产过程也无三废问题，符合无公害环保要求。

(2)使用简单易行

白僵菌产品可制成粉剂、菌液等多种剂型，通过喷粉、喷液、放粉炮、放地炮、超低容量喷雾等多种方法进行菌粉施放，方法简单易行。

(3)防效持续性

施用白僵菌后其孢子广泛存在，而且感染的寄主死亡后能在体外产孢并再次扩散，在适宜条件下形成流行病，具有一年施药多年有效的持续控制害虫的作用。

(4)不易产生抗药性

害虫对化学农药的抗性使得其杀虫效果逐年减退。白僵菌杀虫一方面靠白僵菌的寄生，另一方面靠菌丝在生长时吸取虫体内养分和水分，使虫体内生理代谢混乱，其杀虫是以生物作用为主因此不易使害虫产生抗药性，连年使用效果会越来越高。

(5)安全性高

白僵菌依靠自身分泌几丁酶溶解昆虫表皮的几丁质进入昆虫体内进行侵染，人体不含几丁质，因此不侵染人畜，对人畜无毒无害。

(6)经济

跟化学防治相比，使用白僵菌防治各类害虫的费用较低，连续使用后可减少杀虫剂的使用，降低防治成本。

(7)可有效控制刺吸类和地下害虫

由于取食和隐蔽方式生产上控制这类害虫一般较困难，真菌杀虫剂能够直接从昆虫体壁入侵，具有触杀效果，只要病菌接触害虫就可以引起感染而杀死害虫。

(8)可流行治病

白僵菌生物农药含有活体真菌及孢子。施入田间后借助适宜的温度湿度，便可以继续繁殖生长，增强杀虫效果，同时感染的昆虫还可作为病原感染其他的害虫，甚至会引起流行病。

(9)高选择性

不同于化学农药不分敌我的将益虫和害虫尽数毒杀，白僵菌能主动回避对瓢虫、草蛉和食蚜蝇等益虫的侵染攻击，从而整体田间防治效果更好。

☞ 74. 白僵菌杀虫剂有哪些缺点?

(1)防效受环境条件影响较大

白僵菌孢子萌发、生长和繁殖都要受到外界环境条件影响。温度影响孢子萌发、菌丝侵入和病情的发展。相对湿度影响分生孢子的萌发和菌丝生长，干旱时孢子不萌发。紫外线也能杀死真菌孢子。

(2)杀虫速度较慢

跟化学药剂相比，微生物杀虫剂的杀虫速度一般较慢，主要是由于微生物从感染到致病到杀死昆虫有一个时间周期，常经4～6天后害虫才死亡，因此在害虫种群密度高的情况下施用可能会贻误防治战机，造成较大损失。

(3)不易长时间贮存

白僵菌等真菌杀虫剂，配制菌液后不能长期存放，否则会使孢子萌发，降低侵染力。

(4)杀虫效果受菌粉质量影响

在白僵菌生产和应用过程中，菌种常发生变异，出现生长瘠薄、产孢量少，杀虫毒力较低等现象，因此使用高质量的菌粉是防虫效果好的基础。在最适宜条件下施用高质量菌粉可大大提高杀虫效果，能有效持续长久地控制害虫。

(5)不同厂家的产品质量不同

由于生产真菌杀虫剂的流程没有统一标准使不同厂家生产的产品质量也参差不齐，因此会影响田间的防效。

☞ 75. 使用白僵菌防治各类害虫的一般原则是什么？

我国应用白僵菌防治农林害虫的种类和面积居世界首位，在过去40多年中试验和应用白僵菌防治害虫种类达40多种，每年防治面积近670万hm^2。近年来随虫害无公害要求，除大面积防治农林害虫外，已扩展到防治果树、茶叶、蔬菜等经济作物害虫。其使用的一般原则是：白僵菌商品常呈白粉状，常用剂型是1 g制剂含孢子量

80亿的粉剂和可湿性粉剂以及1 g含孢子量50亿的颗粒剂。使用剂量是每667 m^2 1.5万亿孢子以上。使用方法主要有3种：

(1)喷雾法

将菌粉配制成浓度为1亿～3亿孢子/mL菌液，加入0.01%～0.05%洗衣粉液作为黏附剂，用喷雾器将菌液均匀喷洒于虫体和枝叶上。

(2)喷粉法

将菌粉加入填充剂，稀释到1 g含1亿～2亿孢子的浓度，用喷粉器喷菌粉，但喷粉效果常低于喷雾。

(3)土壤处理法

防治地下害虫，将"菌粉+细土"制成菌土，按每公顷用菌粉55 kg，用细土450 kg，混拌均匀即制成菌土，含孢量在1亿/cm^3左右。施用菌土分播种和中耕两个时期，在表土10 cm内使用。

76. 如何用白僵菌防治松毛虫?

用白僵菌来防治松毛虫效果明显值得大量推广使用，使用方法是：

(1)地面喷粉

将菌粉掺入一定比例的白陶土，粉碎稀释成20亿孢子/g的粉剂，用手动或机动式喷粉器进行林间全面或局部喷粉。

(2)挂粉袋

将白僵菌装入纱网袋中，每袋装0.5 kg，挂于林间树枝上。每667 m^2挂1袋，让白僵菌孢子自然扩散，可有效地控制松毛虫的发生。

(3)地面喷雾

用100亿～150亿孢子/g的原菌粉。加水稀释至0.5亿～2亿孢子/mL的菌液，再加0.01%的洗衣粉，用喷雾器喷雾。

(4)飞机和地面超低量喷雾

按82乳油：白僵菌高孢粉：清水为5：1：14的比例配制成含量为50亿～100亿/mL孢子的乳剂，每667 m^2喷150 mL约15万亿孢子，飞机超低量喷雾防治松毛虫。

(5)放虎归山(即放带菌活虫)

在林中配5亿孢子/mL的菌液。在松毛虫发生地区，边走边采集松树上幼虫，蘸上菌液后放回到松树上，任其自行扩散传播。每667 m^2可按20～100条计算放虫量。该法用菌粉少，防治费低，可解决大面积防治菌粉不足、经费不足的问题。利用虫茧(蛹)也可取得防治效果。应用时间应在早春和梅雨季节。

77.如何用白僵菌防治玉米螟?

北方大量使用白僵菌以防治春玉米上的玉米螟，主要采取以下几种方法：

(1)心叶期撒颗粒剂

将白僵菌原菌粉按1：10比例与沙子(或炉渣经20筛目和30筛目过筛，取其中间颗粒)充分混合配成10%的颗粒剂，在玉米心叶期即喇叭筒期，逐棵向心叶内投放颗粒剂，每株1 g(每667 m^2约4万亿个孢子)。

(2)心叶中培养白僵菌并防治玉米螟

先将麦麸小火炒熟，按二级固体菌种：麦麸：沙子为1：10：100的比例混合，然后撒于玉米心叶中，每株用量2 g。因玉米心叶中有一定水分，可满足白僵菌生长的条件，白僵菌就在心叶中繁殖，繁殖的白僵菌又可治虫，这样把生产白僵菌和防治玉米螟有机地结合起来，一举两得，节约了大量生产白僵菌的场地和劳力。

(3)封垛

由于玉米螟以老熟幼虫在秸秆和穗轴内越冬，因此处理这些越冬场所对降低来年的虫口基数意义重大。方法是：将白僵菌原菌粉按 1∶20 和滑石粉（或细土、草炭土和草木灰等）混合，先用木棍向玉米秸秆垛内插一洞，将喷粉器喷头插入垛内喷粉，每隔 1 m 插一洞喷 1 次，直至整垛喷完。喷粉用量 200 g 左右，封垛后垛内越冬幼虫寄生率可达 80%以上，可减少田间为害。

(4)田间喷粉和喷雾

喷粉时采用粉剂（载体为滑石粉，含孢量 10 亿/g），用东方红 18 型背负式动力喷粉器喷粉，每 667 m^2 用量 1 kg。喷雾时用可湿性粉剂（含孢量 500 亿/g）用水稀释 100 倍，每 667 m^2 用量 2 kg。

(5)飞机大面积喷粉

在大面积的农田中可采用飞机喷粉。大面积喷施可增加自然和玉米植株上白僵菌数量，即可减轻当年为害又可对来年玉米螟发生起到一定控制作用。

78. 如何用白僵菌防治稻叶蝉？

稻叶蝉是水稻等禾本科作物的重要害虫，刺吸不仅为害作物而且还大量传播病毒造成损失巨大。防治水稻黑尾叶蝉每 667 m^2 使用剂量是 1 万亿个纯孢子，用粉剂和可湿性粉剂喷粉或喷雾。叶蝉的防治也抑制稻黄矮病的发生，同时在一定程度上抑制了稻褐飞虱的为害。

79. 如何用白僵菌防治果树害虫?

(1)防治桃小食心虫

按每公顷白僵菌原菌粉 2 kg(即每公顷用 10 万亿个孢子)和对硫磷微胶囊 2.25 kg 混合后,对水稀释 70 倍,向树冠下地面喷雾,为提高防效可在喷菌后再在树盘下盖草使出土幼虫大量僵死。连续长期使用白僵菌防治桃小,可将虫口基数压低到一定水平,减少树上化防次数,节省防治成本,减轻农药污染,保护天敌和环境,因此应该是果树无公害生产的重要措施之一。

(2)放粉炮

用于防治龙眼舞毒蛾。白僵菌粉炮采用纸密封包装后安装引线,引燃后将粉炮抛到树冠上空爆炸,菌粉就会随之附着到树冠上,进而扩散到树中虫体上。传统防治方法主要是树冠农药喷雾,而龙眼树冠大不易喷匀,下雨时还容易被冲刷;用白僵菌粉炮不仅省工省本,而且晴雨不误,方便操作。

80. 如何用白僵菌防治茶树害虫?

白僵菌可防治茶毛虫、茶小象鼻虫、茶小绿叶蝉等茶树害虫。可喷粉和喷雾,方法同防治松毛虫。

81. 如何用白僵菌防治草坪害虫草螟?

白僵菌粉(孢子含量 110 亿个/g,发芽率 81%,细度 200 目),用电动喷粉机按每平方米草坪用 1～3 g 菌粉喷粉。

82. 如何用白僵菌防治豆类害虫?

防治大豆食心虫、豆荚斑螟、豌豆造桥虫等豆科植物害虫，可喷雾喷粉，方法同松毛虫。

83. 如何用白僵菌防治地下害虫？

用布氏白僵菌或球孢白僵菌可防治大黑鳃金龟、暗黑鳃金龟、铜绿金龟和四纹丽金龟等金龟子成虫和幼虫。可单用菌剂，也可和其他农药混用。单用菌剂时（含17亿～19亿孢子/g）每667 m^2用量是3 kg；菌剂也可跟25%甲基异柳磷粉剂混用，菌剂和药剂每667 m^2用量都是3 kg。

84. 如何使用白僵菌高孢粉剂？

白僵菌常用的粉剂根据其孢子含量分为两种：普通粉剂和高孢粉剂。普通粉剂1 g孢子含量是100亿个；高孢粉剂含孢子量是普通粉剂的10倍。高孢粉剂由于孢子质轻粒细几乎不能和水直接混合，因此需要加厂家提供的润湿剂。在配制时先将高孢粉倒入容器再加入湿润剂，然后迅速用盖盖住容器口防止孢子飞扬。将高孢粉调制成糨糊状，均匀湿润，至于高孢粉全部湿润为止。将调好的高孢粉用水稀释，一般每667 m^2高孢粉10 g对水2～3 kg，搅拌1～2 min，形成悬浮液后即可喷施。

85. 如何用高孢白僵菌防治天牛害虫？

防治天牛可用白僵菌高孢粉（含孢子1 000亿/g），用水稀释300～1 000倍，再加入0.1%洗衣粉，用注射器或吸耳球注入天牛为害的树蛀孔中，每孔注入10～15 mL。或用微型手压式喷粉器向蛀道内喷射高孢粉（1 200亿孢子/g）防治天牛。

☞ 86. 使用白僵菌注意哪些事项？

①注意施药的环境条件：白僵菌在24～28℃、相对湿度90%以上时才能使害虫致病。温度在30℃以上孢子萌发率低，菌丝易老化；15℃以下孢子萌发率低，菌丝生长缓慢。高湿利于孢子吸水萌发；低湿孢子难吸水使萌发率低甚至不萌发。因此施用白僵菌防治虫害时气温应在15～30℃、相对湿度应在80%～100%。最佳施用时间是高温、高湿、雨后、多阴天气，可大大提高杀虫效果。一般应在阴天、雨后或早晚湿度大时施用。

②菌剂应在阴凉干燥处贮存，以免受潮失效。

③菌液现配现用：配成后需要在2 h内用完，否则孢子过早萌发失去侵染力。

④养蚕区禁用：在养蚕区周围的果园农田不宜使用。

⑤人接触孢子粉过多会有不良反应，注意皮肤防护。

⑥选择适宜的虫龄：用白僵菌防治害虫多数应在害虫孵化盛期用药。而对松毛虫最好选择幼虫3龄初期施用。因为1～2龄个体小接触孢子的几率小，而4龄以后抗菌性增强。此外，各龄发育后期面临蜕皮，更是放菌应该避开的时期。

⑦菌药混用：对于害虫密度较高的地块，特别是虫龄已较大时，为治虫保叶可将白僵菌和杀虫剂混合使用，即把白僵菌粉和化学农药混用喷雾，可发挥化学农药杀虫快和生物农药药效保持时间长，到达优势互补的效果。如白僵菌与25%对硫磷微胶囊和48%乐斯本等低剂量的农药混用有明显的增效作用。

⑧害虫感染白僵菌死亡的速度缓慢，一般经4～6天后

才死亡,因此要注意在害虫密度较低的时候提前施药。

⑨添加增效剂:为提高防治效果,菌液中可加入少量洗衣粉,但不能和杀菌剂混用。

⑩虫体繁菌:虫体繁菌包括用幼虫或蛹繁菌,即可用活体,也可用化学农药杀死后的落地幼虫繁菌。把捉到的活虫用白僵菌液(4 亿孢子/mL)浸死后捞起,于林缘搭棚培养,外用塑料布保温保湿,虫体变白后再用作治虫。

⑪注意施药方法:白僵菌即可以喷粉也可以喷雾。但喷雾前先将菌粉用清水浸泡 2 h 并不断搅拌,搅拌后澄清,取上层清液根据所需使用浓度对水,再根据田间虫口密度增加或减少用菌量。

⑫针对不同的害虫种类使用:尽管白僵菌的寄主范围较大,但是不同的寄主对白僵菌的敏感程度不同,例如对淡翅黎丽金龟寄生效果较差,因此应针对目标害虫进行防治,才能达到较好的防治效果。

⑬与其他微生物杀虫剂混合使用:可与细菌制剂、病毒以及其他真菌制剂混合使用,以取长补短,扩大治虫范围。

⑭自制的颗粒剂:菌粉和过筛细沙搅拌均匀可制成颗粒剂,通常在 7 月中旬玉米心叶末期螟卵孵化盛期使用。颗粒剂在施用前,要喷少量水拌匀,使菌粉达到不飘走、不沾手的程度。另外颗粒剂也应随拌随用。

☞ 87. 绿僵菌可防治哪些害虫?

绿僵菌寄主范围广,可寄生 8 目 30 科 200 余种害虫。主要用于防治金龟子、象甲、金针虫、蛾蝶幼虫、蝽和蚜虫等害虫。绿僵菌有金龟绿僵菌和黄绿绿僵菌等变种,生产上主要用金龟绿僵菌变种的制剂来防治害虫,如地下害虫、蛀干害虫、苹果桃小食心虫、椰心叶甲、飞蝗、甘蓝小菜蛾、菜青虫和番茄棉铃虫以及小水体中的蚊幼虫等卫生性害虫。生产上常用的剂型有粉剂(每克含孢量23亿～28亿个或50亿个以上)、10％颗粒剂和20％杀蝗绿僵菌油悬浮剂。

88. 如何用绿僵菌防治地下害虫?

防治花生田中蛴螬,可采用菌土和菌肥使用方式。菌土就是用绿僵菌2 kg(1 g含孢量23亿～28亿个)拌湿细土50 kg,中耕时均匀撒入土中。菌肥是用2 kg菌剂和100 kg有机肥混合拌匀,中耕穴施于田间。然后埋土。豆田每667 m^2用菌剂3 kg以菌土或菌肥在中耕期使用。

89. 如何用绿僵菌防治蛀干害虫?

防治青杨天牛可用孢子悬浮液喷雾(2亿孢子/mL)。防治云斑天牛可将绿僵菌和一些化学农药混合,绿僵菌孢子液(2亿孢子/mL)加500倍乐果注射为害虫孔,菌药混用具一定增效作用。防治柑橘吉丁虫,在吉丁虫为害柑橘的“吐沫”和“流胶”期,用小刀在“吐沫”处刻几刀达形成层,然后用排笔或小刷蘸取制好的绿僵菌液(2亿孢子/mL)或菌药混合液(菌液2亿孢子/mL加200倍杀螟松)。并在成虫羽化前用绿僵菌液封闭虫孔增加成虫的感染率。

90. 如何用绿僵菌防治桃小食心虫?

用绿僵菌2～3 kg与农药如对硫磷微胶囊0.5 kg、75％辛硫磷0.5 kg和25％对硫磷微胶囊0.5 kg混合使用防治桃小食心虫。或在桃小脱果期每667 m^2用菌粉1.5 kg施入地面，并根据卵孵化及幼虫脱果情况，用敌杀死或辛硫磷等向树上喷洒 2 次，可有效地控制桃小的为害。

☞ 91. 如何用绿僵菌防治蔬菜害虫？

防治小菜蛾和菜青虫，用绿僵菌菌粉对水稀释成每毫升含孢子 0.05 亿～0.1 亿个的菌液喷雾。

☞ 92. 如何用绿僵菌防治东亚飞蝗？

在蝗蝻 3 龄前，每 667 m^2 用 20％杀蝗绿僵菌油悬浮剂 100 mL 喷洒在 150 g 饵剂上，拌匀后田间撒施。杀蝗绿僵菌油悬浮剂对飞蝗、土蝗、稻蝗、竹蝗等多种蝗虫有效。或每公顷用菌粉 450 g 加 4.5 kg 植物油喷雾。

☞ 93. 使用绿僵菌防治害虫要注意什么问题？

除了需要注意同白僵菌的事项外，在生产中还需注意：

①菌药混合使用：部分化学杀虫剂对绿僵菌分生孢子萌发有抑制作用，药浓度越高，抑制作用越强。但是适当的混用可提高杀虫效果，如绿僵菌（含孢量为 1.9×10^7 个/mL）与 2.5％敌杀死乳油（稀释 6 万倍）；40％辛硫磷乳油（稀释 1 万倍）；21％灭杀毙乳油（稀释 2.5 万倍）和 25％灭幼脲悬浮剂（稀释 1.5 万倍）混用对马尾松毛虫有明显的增效作用。

②绿僵菌虽然对环境相对湿度有较高要求，但其油剂在空气相对湿度达 35％时即可感染蝗虫致其死亡。

③绿僵菌的使用量：田间应用中应依据虫口密度适当调整施用量，在虫口密度大的地区可适当提高用量，如饵剂

可提高到每公顷 3.75～4.5 kg 以迅速提高其前期防效。

94. 如何用拟青霉防治害虫?

拟青霉是多种重要昆虫病原真菌,其中常见的重要种类有:粉红拟青霉、粉质拟青霉、玫瑰色拟青霉、蝉拟青霉、粉虱拟青霉等。这些拟青霉已开始应用于防治多种害虫,不同拟青霉使用方法如下:

(1)防治松毛虫

可用粉拟青霉制剂。在松毛虫幼虫越冬前,将菌剂撒在树干基部 10～15 cm 范围内,使下树越冬幼虫沾染孢子后再钻入土内越冬,在温湿度条件适宜时便发病死亡。菌剂用量:较大树用 10 g,小树 5 g,撒菌后疏松土壤,使菌粉混入土中。

(2)防治柞蚕饰腹寄蝇

可用玫瑰色拟青霉制剂。将每克含孢量 22.8 亿个的菌粉撒于土面 3～5 cm 土中,让蛆爬行钻入感染。

(3)防治稻褐飞虱

可用肉色拟青霉制剂,田间使用量每 667 m^2 用 1 kg 菌剂喷粉,虫口减退率在 91%。

(4)防治菜青虫

可用蝉拟青霉制剂,使用剂量每公顷用 6.9 亿个孢子。将菌液喷洒在菜叶表面上,对初孵化幼虫有较强的侵染作用,死亡率达 90%,在幼虫期施菌防治效果为在 65%～70%。

此外,还可用环链拟青霉和玫烟色拟青霉防治菜青虫。同时加用 0.05%吐温作增效剂,孢子稀释液浓度为 3 亿～5 亿孢子/g,按每兜甘蓝菜 20 亿及 50 亿孢子的剂量施用,两种拟青霉喷雾 9 天后菜青虫的死亡率都在 65%左右。

(5)防治温室白粉虱

可用玫瑰色拟青霉北京变种制剂。在黄瓜苗期及初瓜期,每 10～14 天向植株上部 5～7 片叶背喷孢子液(0.1 亿孢子/mL)一次,一个生长期喷 3～5 次。控制种群效果达 71%以上,控制成虫平均 72%。

95. 如何用块状耳霉防治蚜虫?

块状耳霉又名杀蚜霉素、杀蚜菌剂,属真菌性杀虫剂,用于防治各种蚜虫,如桃蚜、萝卜蚜、棉蚜、麦蚜类,对抗性蚜虫防效也高,专化性较强,是灭蚜的专用生物农药。防治蚜虫的方法是在蚜虫发生初期,用每毫升含孢量为 200 万个的悬浮剂稀释 1 500～2 000 倍后均匀喷雾。块耳霉防治保护地内植物上各类蚜虫,药效持续期长,防效比大田更好。使用时尽可能喷到蚜体上以提高防效,不可和碱性农药、杀菌剂和除草剂混合使用。

96. 如何使用蜡蚧轮枝菌防治刺吸类害虫?

蜡蚧轮枝菌是从蚜虫和白粉虱中分离的杀虫真菌,寄主范围较广,可寄生蚧类、蚜虫、螨类、粉虱等害虫,还可寄生某些鳞翅目害虫、线虫和蓟马等。本制剂对人畜无毒,无污染。杀虫机理同其他杀虫真菌。生产上使用的剂型有粉剂(每克含 50 亿活孢子)和可湿性粉剂。制剂适合在 12～35℃的温度和湿度大时使用。还可以和某些杀虫剂、杀菌剂和杀螨剂混合使用。防治蚜虫用粉剂稀释到每毫升含 0.1 亿孢子的孢子悬浮液喷雾。防治温室白粉虱稀释到每毫升含 0.3 亿孢子的孢子悬浮液喷雾。防治湿地松粉蚧把菌粉稀释到每毫升含 0.1 亿～0.3 亿孢子的孢子悬浮液喷雾。

97. 苏云金杆菌(Bt)的发现、开发和应用如何?

苏云金杆菌是在 1901 年由日本人石渡从患病家蚕中分离的，并根据杆菌来源地德国苏云金省作细菌的名称，定名为苏云金杆菌，其拉丁学名第一个字母缩写即是 Bt。Bt 杆菌属 G^{+} 菌，生活过程中能形成菱形伴孢蛋白质晶体，并形成圆形或椭圆形芽孢。细菌营养体呈长杆状，两端钝圆，周生鞭毛或无鞭毛，运动或不运动，通常 2～8 个细菌个体呈链状排列。

尽管 Bt 最早在日本发现，但把 Bt 开发为昆虫杀虫剂的却是欧洲人，在 1938 年法国开发出第一个商品制剂用于防治地中海粉螟，此后世界各地对 Bt 开展了广泛研究，不断发现 Bt 新亚种或变种，目前全世界共分离到 5 000 株 Bt，有 82 亚种，分属 77 个血清型。不同亚种对同种昆虫毒力不同，同亚种对同昆虫的毒力也不同。我国广泛生产和使用的有青虫菌(蜡螟亚种)和 140 杀虫菌(武汉亚种)，对稻苞虫、菜青虫、松毛虫等有很好的毒杀效果；HD-1 菌(库斯塔基亚种)对棉铃虫有很强的毒力；1897 菌(以色列亚种)对蚊子幼虫有良好的防效；另外还有 Bt 乳剂、7216、5416 等。在不断发现新的亚种的同时，Bt 寄主范围也不断被发现，工业化生产和应用也日益成熟，成为应用最早、防治面积最大、防效最确切和最安全的生物杀虫剂，被广泛应用防治农林、仓储及卫生性害虫。目前在世界几十个国家中，Bt 制剂被登记生产和使用，商品种类达 100 多种；生产 Bt 杀虫剂的厂家有 500 多家，年生产能力达 50 万 t。在我国，生产 Bt 制剂的工厂也有几十个，1991 年年产量增长

5 000 t以上。

Bt 杀虫剂的剂型也在不断发展，从一般的粉剂发展到乳剂，进而到高含量 Bt 可湿性粉剂、胶悬剂、水剂、颗粒剂和微胶囊剂以及较先进的水扩散性颗粒剂。在我国，Bt 产品剂型有液剂、悬浮剂、可湿性粉剂、高含量粉剂等。

20 世纪 80 年代后，随分子生物学技术的发展，人们把 Bt 某些抗虫基因转移到各类植物内培育了大量的抗各类害虫的转基因植物。我国目前培育出的转基因植物有：抗虫棉、抗虫水稻和抗虫烟草。

98. Bt 制剂的主要优点有哪些？

和化学杀虫剂相比，Bt 杀虫剂有许多优点，主要有：

(1)对人畜安全

由 Bt 杀虫机理可知，Bt 杀虫的主要作用在于其毒素蛋白在碱性环境中分解而起作用，而人畜的肠道酸碱环境不是强碱性的，因此不利于 Bt 分泌的毒素蛋白分解而不产生毒害作用。

(2)无残留

Bt 跟化学杀虫剂不同，它不会产生对人和环境有害的残留，即使大量应用对环境无害也不会在停留中积累。

(3)不易产生抗药性

即使大量使用 Bt 防治害虫，对多数害虫来说一般不会产生抗药性，即 Bt 对多数害虫始终是有效的。

(4)高选择性

由于 Bt 主要是经口进入昆虫消化道而起杀虫作用。当在植物表面喷洒 Bt 杀虫剂后，只有取食这些叶片的害虫才能把 Bt 摄入体内，而寄生性和捕食性天敌是以活体的昆虫为食，它们不取食带菌叶片，因此对它们是较安全的。

(5)防治成本低

与化学农药相比，大量使用 Bt 防治害虫的成本远远低于使用化学杀虫剂，因此可获得很多更好的经济效益。

(6)可防治抗化学杀虫剂的害虫

由于 Bt 的作用机理和化学杀虫剂的杀虫机理不同，因此可以用 Bt 来防治那些已经对化学杀虫剂产生抗性的害虫。

(7)可和多种化学杀虫剂或其他微生物杀虫剂混用

和化学杀虫剂相比，Bt 可和多种化学杀虫剂混合使用（强碱性杀虫剂的例外），这样在生产中可以同时使用它们防治害虫以提高防效。同时在一定程度上克服了 Bt 杀虫剂效果差、杀虫速度慢、残效期短等缺点。

(8)规模化生产工艺简便，易于生产使用

99. Bt 制剂的主要缺点有哪些？

①非速效：Bt 制剂杀虫效果较慢，常在喷洒 2～4 天害虫才死亡，因此在害虫密度较高时常不能迅速降低其种群数量减少其为害。

②残效期较短：因此为了取得较好的效果需要连续喷洒多次，无疑会增加一定的成本。

③防效不稳定：防效不稳定是 Bt 大田应用比较致命的缺点之一。影响 Bt 防效的因素有很多，主要是 Bt 的种类、Bt 的剂型和使用技术、目标昆虫的种类、虫龄、虫口密度和习性以及环境因素的高温和强紫外线。

④杀虫谱较窄：即对某些目标害虫不敏感。尽管 Bt 可感染的昆虫种类很多，但在生产中某些菌种对一些种类的

害虫杀虫效果较低，甚至没有效果，因此不能使用 Bt 防治生产中出现的所有害虫。

⑤不具有内吸作用：不能杀死取食作物内部的害虫，如蛀干和蛀茎类害虫。

⑥Bt 制剂加工中存在不少问题：主要是剂型品种单一，我国目前 Bt 剂型仅有粉剂、可湿性粉剂、悬浮剂、颗粒剂等几种剂型，而且质量较差。同时加工工艺落后，缺乏各种增效剂和增效因子以提高现有菌株的杀虫活性。

⑦尽管 Bt 可和杀虫剂混用，但化学杀虫剂可能会削弱 Bt 杀虫剂对天敌安全和对环境无污染的优势。

⑧在我国生产的 Bt 商品制剂中，还存在有效成分含量不足，即活芽孢数不达标，悬浮剂悬浮性能较差，样品有明显的分层，发酵残体颗粒较粗；可湿性粉剂细度不够，润湿性能差等缺点。有些产品防腐效果差，存在产品被污染后二次发酵的现象。这些都影响 Bt 商品制剂在田间的防效，影响 Bt 制剂大面积地推广使用，也是较难被广大农民接受的主要原因之一。

☞ 100. 细菌性杀虫剂的杀虫机理是什么？

苏云金杆菌为一种细菌性杀虫剂，杀虫主要以胃毒的作用方式为主。苏云金杆菌主要是经口进入体内而感染昆虫，在昆虫体内大量增殖，一方面利用昆虫的营养物质使昆虫不能正常发育，另一方面可生产一些毒素。这些毒素作用昆虫中肠即有利于细菌入侵又可使害虫在短时间内中毒死亡。感染的昆虫活动力降低，食欲降低，形成败血症，口腔与肛门有排泄物排出。死亡的昆虫颜色加深变黑，虫体软化腐烂失去原形，一般有臭味。

Bt的杀虫效果主要是在其生长过程中产生的毒素，Bt的毒素成分是多种多样的，不同亚种菌株产生的毒素种类和性质相同，表现出杀虫活性也不同。Bt分泌毒素有两种：内毒素和外毒素。内毒素有δ-内毒素即伴孢晶体毒素，是一种蛋白质晶体，与芽孢同时形成，因位于芽孢旁又叫伴孢晶体毒素。该毒素是Bt的一种最重要毒素，也是其杀虫剂的主要成分。该毒素是一种前毒素，在昆虫碱性中肠内被激活消化成小片段后作用于中肠细胞膜，破坏其膜结构扰乱其功能或作用于细胞能量供应系统，使在几分钟内麻痹昆虫肠道，使其停止取食。肠道内膜被破坏后杆菌营养细胞极易穿透肠道底膜进入昆虫血淋巴，最后昆虫因饥饿和败血症而死亡。除了内毒素作用外还有一些外毒素也可对昆虫起作用。外毒素有α,β,γ外毒素、不稳定外毒素、鼠因子外毒素和水溶性毒素，其中后3种研究较少。其特点分别是：α-外毒素：即磷脂酶C。该毒素先作用磷脂膜造成细胞破裂或坏死，使昆虫肠道中的细菌较易进入体腔，从而破坏昆虫正常防御机制。肠道内的pH值影响该毒素酶活性而影响其杀虫效果，最适pH值为6.6～7.4，与叶蜂消化道内pH值一致因而对叶蜂效果明显。该毒素对肠道内pH值偏碱的昆虫防效较差；β-外毒素：又名苏云金素、热稳定外毒素。是一种广谱杀虫毒素，对直翅目、等翅目、鳞翅目、半翅目、膜翅目和双翅目等69种昆虫、多种螨和线虫具毒杀作用。作用机制是抑制RNA聚合酶活性而抑制RNA合成；γ-外毒素：是一种可能对磷脂发生作用的酶。

☞ 101. Bt制剂可防治的主要对象有哪些？

Bt为高效广谱性杀虫剂。苏云金杆菌各亚种对鳞翅目、双翅目、膜翅目、鞘翅目、食毛目、直翅目、等翅目、蜚蠊目、蚤目和毛翅目等10目570种昆虫有不同程度的致病力和毒杀作用。用于防治农业上的蔬菜、棉花、烟草、果树、茶叶、麻类、薯类、玉米、大豆和森林卫生害虫，特别是对鳞翅目中粉蝶科、菜蛾科、螟蛾科、麦蛾科、天蛾科等科的多种害虫效果较好。可防治的害虫种类如下：

(1)水稻螟虫类

稻苞虫、稻纵卷叶螟、二化螟。

(2)蔬菜害虫

菜青虫、小菜蛾、菜蛾、甘蓝夜蛾、斜纹夜蛾、黑点银纹夜蛾、猿叶虫、油菜叶蜂、黄条跳虫甲、甜菜夜蛾、斜纹夜蛾等。

(3)果树害虫

卷心蛾、桃小食心虫、苹果细蛾、黄褐天幕毛虫、梨小食心虫、黄刺蛾、茶细蛾、大造桥虫、茶毛虫、茶长卷蛾、美国白蛾、枣尺蠖。

(4)玉米和棉花害虫

棉铃虫、玉米螟和烟青虫。

(5)地下害虫

蛴螬、蝼蛄。

(6)森林害虫

松毛虫，槐尺蠖、春尺蠖、云杉尺蠖、柳毒蛾、杨小舟蛾、天幕毛虫、刺蛾类、舞毒蛾、卷蛾类、天社蛾、蓑蛾、巢蛾、灯蛾、黑点叶蜂、松叶蜂等害虫。

(7)仓储害虫

大蜡螟、地中海粉螟、印度谷象等。

(8)医学卫生害虫

按蚊、库蚊、伊蚊、蚋类和蝇类等害虫。

102. 使用 Bt 的一般原则有哪些?

Bt 使用方法和化学药剂中的胃毒剂使用方法基本类似，根据剂型可喷雾、喷粉、灌心、制成颗粒剂、毒饵等，视具体防治对象和可实施条件而定。使用时应根据环境条件、害虫种群密度、习性和植物生长状况，尽量在害虫幼虫低龄阶段使用，施药期一般在卵孵化盛期到 1 龄幼虫期。因为此时害虫龄期低，虫体小，食量小，破坏力弱，抗药能力也低，在较低的浓度下就可得到较好的防效，再者 Bt 杀死害虫常滞后于使用日期，等害虫死亡时可能已到高龄造成一定损失。若在害虫高龄时使用 Bt，一方面害虫虫体较大取食量激增，造成破坏性较大，同时抗药性增强，即使用 Bt 可控制其为害，造成的为害一般也较大。对常见的鳞翅目幼虫，可用 100 亿活芽孢悬浮剂 100～150 mL 或 150 亿活芽孢可湿性粉剂 100 g，加水 50 kg 喷雾，同时也可加入拟除虫菊酯类农药混合施用以提高速效性。其他 Bt 变种的制剂可参考其说明书或 Bt 制剂的方法使用。

103. 如何使用 Bt 制剂来防治各类害虫?

(1)防治蔬菜上的菜青虫和小菜蛾

于幼虫低龄期或卵孵化盛期，每 667 m^2 用 Bt 乳剂(100 亿孢子/mL)100 g，对水 1 000 倍液喷雾，或用 3.2% 可湿性粉剂 1 000～2 000 倍液喷雾。

(2)防治黄条跳甲、斜纹夜蛾、蚜虫、菜螟

在气温 20℃以上时施药，用 Bt 乳剂 500 倍液加敌敌畏乳油 1 000 倍液混合喷雾。

(3)防治烟青虫和玉米螟

于幼虫低龄期，每 667 m^2 用 Bt 乳剂 150～200 g，对水 50～75 kg 喷雾，或用菌粉 300～800 倍液喷雾。

(4)防治棉铃虫

在棉铃虫卵孵盛期，用 3.2% 可湿性粉剂对水稀释 2 000 倍喷雾，有较好的防治效果。

(5)防治玉米螟

每 667 m^2 用菌粉(100 亿孢子/mL)50 g，对水稀释 2 000 倍灌玉米心叶，或每 667 m^2 用菌粉 100～200 g 与 3.5～5 kg 细沙充分拌匀，制成颗粒剂，投入玉米喇叭口中，可以防治玉米螟。

(6)防治水稻螟虫

每 667 m^2 用菌粉(100 亿孢子/g)50 g 对水稀释 2 000 倍喷洒，可防治稻苞虫、稻螟；用 Bt 乳剂(100 亿孢子/mL)400～600 倍液可防治稻纵卷叶螟。

(7)防治仓库害虫

每 10 m^2 粮堆表面层，用 Bt 乳剂 1 kg 与粮食拌匀，可防治对马拉硫磷产生抗性的仓库害虫和棕斑螟和印度谷螟等，而且不影响寄生螨类和小茧蜂等天敌对害虫的控制作用。

☞ 104. 使用 Bt 制剂应注意哪些事项？

为了更好地使用 Bt 制剂来防治田间害虫，生产上需要注意的问题有：

①选择高质量的菌剂：注意查看 Bt 质量是否过关，可采用“嗅”来检验。正常产品开盖时应没有臭味，而且应该会有香味(培养料发出的)，而过期或假冒产品则常产生异

味或无气味。其次注意昆虫对不同的菌种和亚种的敏感性不同，甚至同一菌种的不同菌株间也有差异，不同的生产厂家就是用相同的杆菌亚种其产品的杀虫效果和范围也可能不同，因此在应用前要充分了解药剂的防治范围，并进行田间小规模试验以确定产品的防效和防治对象，选择对防治对象最有效的菌系制成的菌剂。

②注意防治害虫的种类及其习性：Bt 属于胃毒剂，经口进入害虫体内后才能发挥其作用，因此使用 Bt 时应充分考虑害虫龄期、习性和为害方式。根据防治的害虫来确定不同的施用时期和方法，不同昆虫或相同昆虫的不同虫期，甚至是不同种群对 Bt 的敏感性也不同。鳞翅目幼虫对 Bt 极敏感，龄期越低，敏感性越强。不同害虫的习性不同，防治时也要充分考虑，如棉铃虫的初孵幼虫具有取食卵壳的习性，因此应于产卵期施用。玉米螟低龄幼虫多在玉米的心叶里为害，因此应该在心叶末期灌心防治。小菜蛾 2 龄后多在叶背为害，因此应在卵孵化盛期到 1 龄幼虫高峰期，正反两面喷雾才能取得良好的防效。钻蛀性害虫应在其钻蛀前使用，卷叶害虫应该在其卷叶之前使用，否则害虫钻蛀和卷叶后，防效一般都会较低。

③根据害虫种类使用不同的浓度：害虫种类不同，对 Bt 的敏感程度不同。因此应根据害虫种类使用不同的浓度。对敏感的害虫如稻纵卷叶螟、稻苞虫、菜青虫等可以用 100 亿孢子/mL 的 Bt 稀释 500～1 000 倍使用；对不敏感的害虫如三化螟、棉铃虫等则稀释 100～200 倍使用。

④施用时注意气候条件：阳光和紫外线对此药有破坏作用，因此应避免在强烈阳光下施用，最好在阴天或弱光照、空气湿润时用药，若光照强烈，紫外线会把 Bt 菌杀死。晴天最佳用药时间在日落前 2～3 h 或晴天在上午 10 时前

或下午 2 时后施药。阴天时可全天进行。在有雾的早上喷药或喷药 0.5 h 前给植物淋水则效果较好。喷后 1 天内遇大雨应重喷，雨水小不影响效果。施用适宜的温度为 18～35℃，而在 20～25℃相对湿度在 85%以上的孢子活性最强，施用效果最好。过高的温度和过低的温度对药效的发挥均不利，应在平均气温 20℃以上施用。

⑤由于 Bt 制剂的非速效性，因此施药期应比使用化学农药提前 2～3 天。并且在田间虫口密度较大时，为尽快消灭害虫，可加少量除虫菊酯类农药，如速灭杀丁、兴棉宝、功夫等，一般在喷雾器中加 1～2 mL 即可。

⑥Bt 乳剂只有进入害虫体内才能发挥其毒杀作用，因此无论采取哪种方法都要力求均匀，喷雾可采用小容量、细雾点的弥雾法。

⑦勿与杀菌剂和某些化肥混用：喷过杀菌剂的喷雾器也要冲洗干净，否则杀菌剂会把部分 Bt 菌杀死，从而影响杀虫效果。由于化肥挥发性和腐蚀性都很强，若与微生物农药如 Bt、杀螟杆菌、青虫菌等混用，则易杀死微生物降低防治效果。

⑧添加增效剂和辅剂：加适当的可湿剂或黏附剂，施用时加入水量的千分之一的可湿剂或黏附剂如树胶、肥皂粉、少量乳剂农药等可帮助菌剂很好地黏附和扩散在植物上，提高菌剂的杀虫效力，延长毒效时间。如果选用 6 号菌粉、HD-1 号水剂等喷施一般蔬菜上发生的害虫时，可适当加入少量展着剂，来增加药液的附着力。若选用 Bt 乳剂类则不需加。

⑨对家蚕、蓖麻蚕毒性大，不能在桑园及养蚕场所附近使用。

⑩药剂贮存：此药应保存在低于 25℃的干燥阴凉仓库

中，防止暴晒，以免变质。存放时间太长或方式不合适则会降低其毒力。

⑪药剂混用：为解决 Bt 速效与持效的矛盾，可在不大量杀死或杀伤害虫天敌的情况下与常量的 1/4～1/5 的化学杀虫剂混用，如与敌百虫、1605、乐果、敌敌畏、对硫磷、甲基对硫磷等有协同增效作用，Bt 与杀虫双按 2∶2 或 1∶3 混用对防治二化螟、稻苞虫等也有增效作用。但不能与内吸性有机磷类农药如马拉硫磷、二嗪磷混用。此外 Bt 还可与其他微生物杀虫剂混用，也可混用不同亚种菌剂产品。与真菌制剂、病毒、微孢子虫等混用，以取长补短扩大治虫范围。

⑫现施现配：利用各种 Bt 制剂，为了保持高效需要现配现用。

105. 如何防止害虫出现 Bt 抗性？

Bt 使用 30 年来，在室内条件下已发现 10 多种昆虫对 Bt 产生了抗性：小菜蛾、家蝇、黑尾果蝇、五带淡色库蚊、埃及伊蚊、印度谷螟、粉斑螟、马铃薯叶甲、向日葵同斑螟、甜菜夜蛾、海灰翅夜蛾和美洲杨叶甲等。昆虫产生抗性与 Bt 制剂处理昆虫时的选择压力有关，连续的高压力可较快地产生抗性，但在大田，目前仅观察到低水平的抗性，因此生产上为了避免害虫产生对 Bt 的抗性还是要尽量做到：

(1)轮用

生产上要轮换使用杀虫机理不同的 Bt 制剂，目的是为了在害虫对某种制剂产生抗性前轮换其他制剂，以延缓抗性的产生。轮用可降低选择压力，延缓抗性发生和恢复害虫对 Bt 的敏感性。轮用的有效性取决于停用或改用另一种杀虫剂后，害虫恢复对前一杀虫剂的敏感性，不存在交互抗性。

(2)混合使用不同的 Bt 制剂

将 Bt 与其他杀虫剂或将不同 Bt 制剂混合施用，不同杀虫机理的农药间甚少产生交互抗性，混用将延缓抗性的产生，但不适当的混用可能会降低 Bt 的活性。

(3)顺序使用不同的 Bt 制剂

首先使用含有毒素种类较少的制剂，再使用含有种类多的制剂。

(4)控制使用剂量、浓度和频率

可通过人为控制 Bt 制剂或毒素使用剂量，减少使用次数和剂量来降低抗性的产生，也就是逐年缓慢减少害虫的种群数量以达到最终防治目的。

(5)镶嵌式施用

根据田间的差异，将地块按镶嵌式或棋盘式分成防治区和不防治区，或使用杀虫机理不同的几种杀虫剂进行镶嵌式防治，以适当保留敏感个体，来稀释产生抗性的个体。特别是对规模较大的农田注意运用这一策略。

(6)改进 Bt 喷施技术

如使用静电喷雾相当于使用低剂量时的效果。

(7)使用增效剂

可以在较低的 Bt 制剂剂量下获得较高的防效。

☞ 106. 杀螟杆菌的特点如何?

杀螟杆菌又名蜡状芽孢杆菌，是一种细菌杀虫剂。杀螟杆菌属蜡状芽孢杆菌群的细菌，是从我国感病稻螟虫尸体内分离得到，经人工发酵生产制成。制剂为白色或灰黄色粉状物，杀虫机理同苏云金杆菌，杀虫的有效成分是由细菌产生的毒素和芽孢，杀螟杆菌以胃毒作用为主，菌剂喷洒到作物上被害虫吞食后，其中含有的伴孢晶体能破坏胃肠，引起中毒，芽孢即进入害虫血液内进行大量繁殖，导致败血症。本品对鳞翅目害虫有很强毒杀能力，但毒杀速度较慢，如对稻苞虫和菜青虫等，施药1天后才开始大量死亡；小菜蛾、松毛虫等害虫，施药1～2天后死亡才到高峰。对老熟幼虫的防效比低龄幼虫防效好，防治效果受温度影响，20℃以上效果较好。本制剂对人畜无毒，对作物无药害，对害虫天敌安全，但对家蚕染毒力较强。生产上常常使用的剂型是粉剂(每克含活孢子100亿个以上)。

107. 杀螟杆菌主要可防治哪些害虫?

杀螟杆菌制剂可用于防治水稻、玉米、蔬菜、茶叶等多种作物的鳞翅目害虫，如稻纵卷叶螟、稻苞虫类、玉米螟、菜青虫、小菜蛾、甘蓝夜蛾、黄条跳甲、茶毛虫、刺蛾、灯蛾、大蓑蛾、甘薯天蛾等。

108. 如何使用杀螟杆菌?

(1)防治菜青虫、灯蛾、刺蛾、瓜绢螟等害虫

每667 m^2用每克含活孢子100亿个以上的菌粉50～100 g，对水40～50 kg，喷雾。

(2)防治小菜蛾、黄条跳甲、夜蛾等害虫

每667 m^2用每克含活孢子100亿个以上的菌粉100～150 g，对水40～50 kg，喷雾。

(3)防治玉米螟

可使用颗粒剂，按1∶20比例，将菌粉与细沙或细粒炉灰渣拌匀，在玉米5%抽雄期将药粒投入玉米心叶内，每株1～2 g。

109. 如何土法生产杀螟杆菌液？

自行制作杀螟杆菌制剂来防治害虫，可节省一定的防治费用，充分发挥杀螟杆菌的防治作用。具体方法是：在喷洒杀螟杆菌药剂的田间收集死虫，即收集已发黑变烂的虫尸，装入纱布袋内，加水浸泡、揉搓粉碎、过滤，用滤液喷雾防治田间同类害虫。一般将50～100 g虫尸滤出液对水50～100 kg后喷雾。

110. 使用杀螟杆菌需要注意的事项有哪些？

由于杀螟杆菌是一种细菌，因此使用中的注意事项基本同Bt制剂。生产上要特别注意：

①不能与杀菌剂混用。

②因杀虫速度慢，应在害虫发生初期施药，喷雾要力求均匀、周到。

③在养蚕区不宜使用。

④贮存时放置在阴凉、干燥处，防止受潮、水湿、暴晒、雨淋等。不能使用过期失效药剂。

⑤尽量连续使用：害虫感染死亡后可在害虫种群内传播，引起细菌的流行病，连年施药可增加细菌连续的机会，以更好地控制害虫为害。

⑥通常商品剂型为粉剂，每克含活孢子数100亿～300亿，如生产菌粉不足100亿，或自己土法造成的杀虫剂，根据虫情加大使剂量。

⑦本品杀虫击倒速度比化学农药慢，在施药前应做好

病虫测报，掌握在卵孵化盛期及二龄前期喷药。

⑧与化学农药混用：为提高杀虫速度，可与90%晶体敌百虫等一般性杀虫剂混合使用。

⑨喷雾时可在稀释后的药液中加入0.1%～1%洗衣粉或茶籽饼粉，增加药液展着性，提高防效。

⑩本品的药效易受气温和湿度条件的影响：在20～28℃时防效较好。叶面有一定的湿度时同样可以提高药效，因此喷雾最好选择傍晚或阴天进行。喷粉在清晨叶面有露水时进行为好，中午强光条件下会杀死活孢子，影响药效。

111. 青虫菌的特点如何?

青虫菌又名蜡螟杆菌二号。属好气细菌杀虫剂。其杀虫作用与杀螟杆菌、苏云金杆菌相似，主要是胃毒作用。青虫菌的伴孢晶体比杀螟杆菌的要小，对不同害虫的毒性也稍有差异。制剂为灰白色或淡黄色粉末，杀虫速度较慢，施药后一般2～3天见效，有时要4～5天。残效期7～10天。因是活芽孢起杀虫作用，药效受环境影响大。制剂对家蚕毒性大，对人、畜、蜜蜂和植物无毒，不污染环境。主要用于防治鳞翅目幼虫，如菜青虫、大豆造桥虫、玉米螟、棉铃虫、烟青虫、黏虫、稻纵卷叶螟、稻苞虫、刺蛾、灯蛾、松毛虫、瓜绢螟、舟形毛虫等农林害虫。生产上常用的剂型是可湿性粉剂(每克含100亿活芽孢)。

112. 如何使用青虫菌?

防治各类鳞翅目幼虫通常使用的剂量是每667 m^2用菌粉200～250 g，以喷雾、喷粉、泼浇等方式施用，或拌毒土及制成颗粒剂撒施。使用注意事项同 Bt。具体方法如下：

(1)防治菜青虫和小菜蛾

用青虫菌粉剂对水稀释 1 000～1 500 倍均匀喷雾。

(2)防治黏虫和棉铃虫

用青虫菌粉剂对水稀释 1 000～1 500 倍均匀喷雾。

(3)防治甘薯叶蛾和松毛虫

用青虫菌粉剂对水稀释 300～500 倍均匀喷雾。

(4)防治稻孢虫、稻纵卷叶螟等水稻害虫

用青虫菌粉剂对水稀释 500～1 000 倍均匀喷雾，或者每 667 m^2 用青虫菌粉剂 250 g 加细土 15～25 kg 配成毒土撒施于稻田。

113. 我国用于生物防治的昆虫病毒有多少？

目前，已在 11 目 43 科 900 多种昆虫中发现了 1 690 多种病毒，其中 60％为杆状病毒，这些病毒可使 1 100 多种昆虫和螨类致病死亡，可防治 30％粮食和纤维作物上的主要害虫。全球已商品化的病毒杀虫剂有 30 多个药种，其中俄罗斯 11 种，欧洲 10 种，我国 9 种，美国 6 种。我国已从 7 目 35 科近 200 种昆虫虫体中分离到近 250 株病毒。我国开发利用核型多角体病毒(NPV)杀虫剂防治棉铃虫、斜纹夜蛾、毒蛾、茶毛虫，颗粒体病毒(GV)杀虫剂防治小菜蛾、菜青虫、黄地老虎，质型多角体病毒(CPV)防治松毛虫都在大面积生物防治实践中取得经济、生态、社会 3 大效益。目前已有 20 多种昆虫病毒杀虫剂进入大田试验和生产示范：如棉铃虫、油桐尺蛾、茶尺蛾、斜纹夜蛾、草原毛虫、美国白蛾、杨尺蛾、天幕毛虫、甘蓝夜蛾 NPV；菜粉蝶、小菜蛾、黄地老虎、茶蚕杨扇舟蛾、茶小卷叶蛾 GV 和松毛虫 CPV

等。其中应用面积最大的棉铃虫、油桐尺蛾、茶尺蛾、斜纹夜蛾、草原毛虫 NPV；菜粉蝶和小菜蛾 GV 和马尾松毛虫 CPV。

114. 病毒杀虫剂是如何生产的?

病毒繁殖需要在活体上进行，我国常用病毒杀虫剂的制备方法是利用人工半合成饲料或天然饲料大量饲养寄主，然后对这些寄主接种病毒，待感染后的寄主长到一定虫龄后就对这些寄主进行磨浆过滤制造出病毒杀虫剂。在我国，病毒杀虫剂的生产工艺经历了 3 个发展阶段，20 世纪 70 年代生产流程为：感病虫尸捣碎→过滤去渣→悬浮液→直接用于大田防治的初级阶段（粗制品阶段）；20 世纪 80 年代为：感病虫尸机械磨浆过滤→离心提纯→干燥→粉碎过筛→标定含量→添加辅助剂拌和→分装（机械化或半机械化生产的剂型产品阶段）；进入 20 世纪 90 年代，主要是在剂型研制上有了很大的进展。目前病毒杀虫剂的剂型有可湿性粉剂、乳剂、乳悬剂、水悬剂等。

115. 如何收集田间感染害虫继续使用?

根据病毒生产的特点，自己制造病毒杀虫剂。在没有使用病毒杀虫剂的田块，寻找感染死亡的害虫，研磨过滤，一方面可以用这些滤液喷洒在农田防治该害虫，另一方面可进一步增殖这些病毒，待病毒增殖到达足够量后再喷洒到田间。增殖病毒的过程是，把感染的害虫研磨过滤的滤液，喷洒在害虫取食的叶片上，然后在田间收集同类害虫，饥饿 1～2 天后喂喷过滤液的叶片，然后饲养这些接种的害虫，待这些害虫死亡后就可研磨过滤，得到更多的病毒滤液。

在喷施病毒的农田:喷洒病毒后待病虫感病致死,适时收集大量病死虫。主要收集黄白的病死虫和未流出脓液的病死虫,之后充分碾碎。或把收集回来的病死虫放在避光处 2 天自然腐解成病毒原液,加少量水稀释后用纱布过滤,去渣即成病毒原液。一般每 667 m^2 用 30～40 头病死虫研磨过滤液,用水将滤液稀释 800 倍左右均匀喷洒在农田中,5～8 天后又可连续收集大量典型病状的黄白病虫和未流出脓液的病虫,制成原液装入瓶内盖好后用,将制好的病毒原液注明虫量,以便日后使用方便。本法生产病毒简易并能与田间防治相结合。

喷洒病毒杀虫剂的农田就可以作为病毒生产田,一般 1 份病毒生产田只要适时连续收集大部分病虫和病死虫,可以供给喷施 50 份左右的农田所需病毒,这样就能循环往复不断使用。若收集的病虫太多可适当保存,方法是将病死虫放入瓶内封盖,注明虫量后放入室内阴暗处,避免日光暴晒和温度影响,防止与酸碱物质混合,室内温度控制在 0～28℃。经室内保存 12 个月后在田间喷施杀虫效果仍在 80％以上,这种方法很适合广大农户使用。

☞ 116. 常用的病毒辅助剂有哪些?

辅助剂是配制病毒杀虫剂的重要成分,通常包括增效剂、保护剂、展着剂、黏着剂、诱饵剂和填充剂等。我国研制的病毒杀虫剂中使用的辅助剂主要有如下几种:

(1)增效剂

西维因、杀灭菊酯、硫酸铜、硫酸锌等。

(2)展着剂

中性洗衣粉、茶枯粉、十二烷基硫酸钠(SDS)等。

(3)乳化剂

656N,656L,吐温-20等。

(4)诱饵剂

依害虫而定,如棉铃虫用棉油、棉叶粉等。

(5)保护剂

翠蓝、果绿、活性炭、黄连素、荧光素钠、苋菜红等。

(6)黏着剂

甲基纤维素、淀粉等。

(7)填充剂

碳酸钙、白陶土、粉煤灰、高岭土、硅藻土等。

不过在多数商品化的病毒制剂中,可能已经包含了上述一种或多种辅助剂,是否添加这些辅助剂要根据商品病毒杀虫剂的成分和防虫需要而定,在添加之前需要仔细阅读病毒杀虫剂的说明书。

117. 核型多角体病毒(NPV)的杀虫机理是什么?

昆虫幼虫感染NPV后,初期无明显异常变化,随着包涵体在虫体内被消化释放出病毒粒子,病毒粒子在昆虫寄主细胞内增殖,寄主昆虫幼虫表现食欲减退,动作迟钝,血淋巴由正常的清液渐变为乳白色,体色变淡或成油光;随后躯体软化,体内组织液化,体节肿胀,表皮脆弱易裂,破后流出白色或褐色浓稠液体,内含大量新形成的多角体,流出的液体在未被腐生细菌侵入前并无特殊臭味。感染病毒垂死的幼虫常爬向植物高处,往往以尾足紧附枝叶倒挂在植物枝条上死亡，组织液化下坠，使躯体下端膨大，这是寻找感染虫体的典型特征。有时幼虫感染的病毒量不足以使其在幼虫期致死，有些幼虫仅有在末龄时呈现出血淋巴稍变乳白色的感染特征，染病幼虫可在蛹期死亡。幼虫被感染后直至出现症状和病征的这段潜伏期受多种因素的影响。如接种量小则潜伏期长，幼虫虫龄越大易感性越低，潜伏期也延长。较高的温度和相对湿度易诱发病毒病。

☞ 118. 如何应用棉铃虫 NPV 防治棉铃虫？

棉铃虫核型多角体病毒寄主范围较广。可防治棉花、玉米、高粱、烟草、番茄等作物上的棉铃虫，还可防治其他一些害虫，如松叶蜂、蓑蛾、舞毒蛾、毒蛾、天幕毛虫、斜纹夜蛾、苜蓿粉蝶、粉纹夜蛾等。

使用方法：由于不同厂家生产的病毒制剂包涵体的含量不同，因此使用时应根据说明书推荐的剂量使用。生产上常用的剂型有可湿性粉剂和乳悬剂。以病毒包涵体每克有 10 亿个（1 亿 $=1\times10^8$）为例，每 667 m^2 用药 100～200 g，即每 667 m^2 用病毒包涵体的总量是 1 000～2 000 亿个包涵体，对水稀释 500～1 000 倍在棉铃虫卵孵化盛期常规喷雾即可。其他包涵体含量不同的病毒制剂可按以上稀释相应倍数常规喷雾。飞机低容量喷雾防治初孵幼虫可用乳悬剂，每 667 m^2 使用剂量是 600 亿～800 亿包涵体。

☞ 119. 使用棉铃虫 NPV 时需注意哪些事项？

①根据当地主要害虫种类来选择是否使用本病毒制剂。由于病毒的专化性强即杀虫谱较窄，可能对一些害虫防效较低。

②喷药时注意环境条件:尽量选择阴天或晴天的早、晚时间进行,不能在高温、强光条件下喷药。喷药当天如遇降雨,应补喷。喷雾液滴需完全覆盖叶片。

③本剂为活体生物菌剂,须在保质期内用完,不宜用过期失效的陈药。病毒制剂应现配现用,配制好的药液要在当天用完,药液不宜久置。特别是跟化学农药混合使用时混合液不得过夜。

④贮存于阴凉、干燥、通风处。较长期需要在 0～5℃ 的环境中存放。正常贮存条件下保质期一般为 2 年。

⑤不能与碱性和特酸性物质混用。

⑥感染的害虫死亡后,体内的病毒可向四周传播,引起其他虫体感病死亡,因此在施药后的第 2 年对害虫仍然有效,因此根据虫情可适当减少打药次数以降低防治成本。

⑦与苏云金杆菌混用有明显增效作用。

⑧与低剂量西维因混合使用,既有互补效果,又起了增效作用。从防治害虫角度讲,防治前期,低剂量西维因能补充在潜伏期病毒效果的不足,后期又能增强病毒侵染力。

⑨其他增效剂:大豆卵磷脂与棉铃虫 NPV 混用,可提高病毒的毒力,提高害虫的死亡率。大豆卵磷脂还是一种天然的乳化剂和混悬稳定剂。因此大豆卵磷脂可考虑作为病毒杀虫剂剂型配制的一种优良辅剂。

⑩与少量化学农药或其他微生物的混用:如敌百虫、青虫菌、硫酸铜、硫酸亚铁、苦楝叶、椿树叶、七米叶及棉籽液,有一定的增效作用,还可保护天敌。据研究病毒与甲基对硫磷、灭多威、三氟氯氰菊酯、乙酰甲胺磷和溴氰菊酯等混合对抗性棉铃虫的杀虫效果增效显著,特别是与甲基对硫磷混用表现出很强增效作用,生产上可适当挑选这些农药与棉铃虫 NPV 混合使用。

⑪防治棉铃虫可在卵期施药:由于棉铃虫幼虫孵化后取食卵壳,因此在卵期喷洒,使刚孵化的幼虫得到感染,以提高防效。

⑫对树木和果树害虫,根据树龄大小喷药量不同,大树要加大喷药量。

⑬注意害虫密度:害虫感染病毒后3～5天才死亡,因此在害虫低龄阶段、密度较低的情况下病毒可控制害虫为害,但在害虫虫龄较高,密度较大的情况下,由于病毒杀虫速度较慢,需要注意加适量的速效杀虫剂,如Bt和低毒高效农药等。

⑭本品在瓜类、甜菜、高粱等作物上慎用。

120. 如何用油桐尺蠖NPV防治害虫?

油桐尺蠖又名大尺蠖,是茶树的主要害虫之一,在江苏、浙江、安徽、江西等省都有发生。幼虫取食叶片,为暴食性害虫,发生猖獗时,使茶叶生产受到严重损失。油桐尺蠖NPV可防治茶树上和油桐上的油桐尺蠖。该病毒杀虫剂对第一代油桐尺蠖的2～3龄幼虫,喷药后10天的平均防治效果为95%,对第二代的平均防治效果为97%。田间病毒使用总量是每667 m^2 500亿～2 000亿个包涵体,若使用每毫升含10亿个包涵体的病毒悬浮剂制剂,则每667 m^2使用50～200 mL,加水稀释800～1 000倍常规喷雾即可。在病毒制剂中加入少量硫酸铜、硫酸亚铁或尿素有一定增效作用,而以含硫酸铜的制剂杀虫效果最好。

121. 如何用杨尺蠖NPV防治杨尺蠖?

地面喷洒使用的适宜剂量范围为每667 m^2 200亿～

400 亿个包涵体，病毒制剂加水稀释一定倍数常规喷雾即可。空中飞机超低量喷雾病毒总量是每公顷 3.75 万亿个包涵体。防治时期以 1～2 龄幼虫占 85%左右为最好或 2～3龄占 85%左右。防治 3～4 龄时应加大 1 倍的剂量，此时由于幼虫虫龄较大取食量大因此保叶效果差。喷洒时间应在下午 4 时以后，可避免阳光对病毒的影响。喷洒防治一次后效作用明显，至少可控制为害 4～5 年。

122. 如何用斜纹夜蛾 NPV 防治害虫？注意事项有哪些？

用该病毒杀虫剂可防治大白菜、花菜、甘蓝、芋头、豇豆、花生、莲藕等 7 种作物上的斜纹夜蛾。在幼虫 1～3 龄期，每 667 m^2 病毒使用总量为 300 亿～600 亿个包涵体，用水将病毒悬液制剂稀释 800～1 000 倍后常规喷雾。

为确保斜纹夜蛾 NPV 制剂的防治效果，须掌握以下使用技术要点：

(1)与农药混用

当斜纹夜蛾世代重叠严重、发育不齐、其他害虫同时发生、害虫种群密度较大时，可用病毒制剂和低浓度的杀虫剂混用。病毒使用总量是每 667 m^2 600 亿个包涵体，化学农药用量按常规使用量的一半以下，混合使用可适当提高防效，还可兼治其他害虫。

(2)施药方法

在使用病毒制剂时，应先加少量水将药剂调成糊状，然后对足水量混匀后喷洒。加水量视喷雾方式及作物种类而异，一般以能均匀湿润作物为原则。如用一般喷雾法每 667 m^2 加水 100～150 kg，若用超低用量喷雾法每 667 m^2

加水 10 kg，喷雾液滴需完全覆盖叶片。

(3)施药适期

尽量在幼虫 3 龄前施药，最好在 1～2 龄幼虫时喷药。

(4)施药时间

跟其他微生物杀虫剂一样，喷药时注意环境条件，尽量不要在高温环境下喷药。最适施药时间为傍晚，若阴天则全日均可。

(5)病毒制剂的保存

在常温下存放在阴凉干燥处，或较长时间保存应该在 0～5℃冰箱保存，切忌暴晒。

☞ 123. 如何使用苜蓿银纹夜蛾 NPV？

本病毒制剂可防治玉米、蔬菜、果树和观赏植物上的鳞翅目幼虫，特别对夜蛾科的幼虫防效较高，如甜菜夜蛾、斜纹夜蛾、甘蓝夜蛾、棉铃虫以及小菜蛾、菜青虫等害虫。施药适期为害虫卵孵化盛期或低龄幼虫期，田间每公顷使用病毒的水悬浮剂(包涵体为 10 亿/mL)600～900 mL，用水稀释 800～1 200 倍后连喷 1～2 次，每次间隔 5～7 天，可有效控制害虫发生。注意事项同其他 NPV 制剂。

☞ 124. 颗粒体病毒(GV)的杀虫机理如何？

颗粒体病毒经口或卵传递感染，进入昆虫肠道后，在肠道将包涵体消化掉，释放病毒粒子。病毒粒子侵入真皮、脂肪组织、器官和中肠皮层，先进入细胞核，在核内繁殖，随后释放到细胞质内，形成只含一个病毒粒子的包涵体(颗粒体)。GV 主要侵染脂肪体、表皮细胞、中肠上皮细胞、气管、血细胞、马氏管、肌肉、丝腺等组织。GV 感染寄主细胞后，幼虫病症和感染 NPV 后的很相似，有一个潜伏期，早期症状不明显，如食欲减退，行动迟缓，腹部肿胀。后期体色变淡，体液变混浊，内含大量的病毒粒子，刚死幼虫头部下垂，口腔内向外吐出黏稠液体。感病从取食到死亡，一般 4～25 天，死虫 V 形倒挂在植物上。被感染的害虫由于病毒粒子的大量繁殖，消耗昆虫的营养物质，使昆虫代谢紊乱而死亡。

菜粉蝶幼虫得病后，体色由深绿色逐渐变为微黄色、黄绿色、乳黄色，腹部乳白色。稻纵卷叶螟幼虫感染颗粒体病毒后，体色变白或略带橙黄色，节间明显，可看到中肠青绿色粪便。后期体节肿胀，表皮全为乳白色。

☞ 125. 如何利用菜青虫颗粒体病毒？

菜青虫 GV 或菜粉蝶 GV 可防治蔬菜害虫，如菜青虫、小菜蛾、银纹夜蛾、甜菜夜蛾、斜纹夜蛾、粉纹夜蛾、菜螟；还可防治棉花害虫，如棉铃虫、棉造桥虫、棉红铃虫和茶树害虫，如茶卷叶螟、茶尺蠖等害虫。每 667 m^2 用粉剂 40～60 g，对水稀释 750 倍，在幼虫 3 龄前于阴天或晴天下午 4 时后均匀喷雾，持效期 10～15 天。

☞ 126. 使用菜青虫颗粒体病毒注意事项有哪些？

①不能和碱性农药和强氧化剂混用。

②施药期：以卵高峰期最佳，不得迟于幼虫 3 龄前。虫龄大时防效差，喷药时叶片正反面均要喷到。

③GV 的循环利用：喷施 GV 后，可收集田间感染的虫尸，捣烂，过滤后将滤液对水喷于田间仍可杀死害虫。每 667 m^2 用 5 龄死虫 20～30 条即可。

④贮存在阴凉、干燥处，防止受潮，保质期一般 2 年。

127. 如何利用小菜蛾颗粒体病毒杀虫剂？

本病毒可防治小菜蛾、菜青虫、银纹夜蛾和大菜蝴蝶。使用量是每 667 m^2 喷洒 500 亿～850 亿个颗粒体，杀虫效果为 66%以上。病毒制剂加水稀释 800～1 000 倍常规喷雾或按说明书使用即可。小菜蛾病毒还可跟 Bt 混合使用，具有增效的作用。注意事项同其他 GV 制剂。

128. 如何使用黄地老虎颗粒体病毒？

本病毒制剂可防治黄地老虎和警纹地老虎。使用剂量是每 667 m^2 用病毒乳悬剂 20 mL，在低龄幼虫阶段均匀喷雾。本病毒制剂还可和细菌农药和化学农药混合使用，如病毒制剂 150 g，杀螟杆菌 450 g，敌百虫和乐果分别为 450 g，施药 10 天后比单用病毒防效要高 17%；20 天后死亡率又比单施敌百虫加乐果的高 59%。另外黄地老虎 GV 还可和青虫菌、敌百虫混合施用，防治大白菜上的黄地老虎，效果也明显。注意事项同其他 GV 制剂。

129. 如何使用棉褐带卷蛾 GV 防治棉褐带卷蛾？

本病毒制剂可防治夏季果树上的棉褐带卷蛾。在棉褐带卷蛾成虫产卵到 1 龄幼虫阶段，用病毒悬浮液均匀喷雾，每公顷使用的剂量是 10 万亿个包涵体。注意事项同其他 GV 制剂。

130. 如何使用苹果小卷蛾 GV 防治苹果小卷蛾?

苹果小卷蛾 GV 可防治苹果和梨上的苹果小卷蛾。生产上使用的剂型是水乳剂和悬浮剂。在幼虫初孵期,每公顷使用的剂量是 10 万亿个包涵体,均匀喷雾;或每公顷使用剂量为 1 万亿个包涵体,每隔 1 周施药 1 次,根据虫情连续使用 2～4 次。

131. 质型多角体病毒(CPV)杀虫剂的杀虫机理如何?

CPV 病毒主要经口感染,创伤传染的可能性极少。害虫取食带有病毒或多角体的叶片后,经肠道碱性消化液作用,使多角体溶解释放出病毒粒子,病毒粒子侵入寄主细胞利用宿主细胞中的材料大量复制病毒粒子。CPV 在感染的虫体内增殖情况与 NPV 类似,也粗略地可分为隐潜期、缓慢增殖期、高速增殖期及稳定增殖期。CPV 的缓慢增殖期一般是比较长的,以后则进入高速增殖期,最后增殖速度保持相对稳定。感染质型多角体病毒的昆虫死亡周期较缓慢,一般为 3～18 天。但在病虫患病期间,病毒不断随粪便排出,感染其他健康昆虫。被感染的幼虫繁殖能力下降,同时,它可通过卵传递给下一代,在害虫种群中形成病毒流行病,从而有效地控制害虫的数量。

感染 CPV 的松毛虫幼虫,前期症状不明显,随病情发展,幼虫食欲减退,行动呆滞,生长发育缓慢,体型萎缩,头大尾尖,刚毛竖起,尾部常带灰白色黏稠粪便,虫死后体壁不易触破。

☞ 132. 如何使用松毛虫CPV？

在松毛虫幼虫2～4龄期，若虫口密度平均每株低于50头时，可单独使用CPV防治松毛虫，每667 m^2施用病毒总量是50亿～100亿个多角体。病毒制剂按此剂量喷粉或用水稀释1 000倍左右后喷雾即可。

CPV和Bt混合用于防治松毛虫效果较好，每667 m^2使用病毒的剂量是15亿～30亿个多角体，Bt的剂量是1 500亿～3 500亿个芽孢。

☞ 133. 使用松毛虫CPV的注意事项有哪些？

①飞机大面积防治工作中，应注意避免高温、风大时间，施药后至少2天不能下雨，或选择在越冬前2～3龄时进行。

②高龄幼虫在高密度下注意添加速效低毒药剂：松毛虫CPV是一种迟效的病毒杀虫剂，松毛虫喂毒后，须经4～6天才开始死亡，死亡高峰在喂毒后8～15天。在高虫龄、高虫口区，6～8天的时间松毛虫足以吃光全部松针，因此在这种情形下使用CPV防治松毛虫时，需要加入一些低毒化学农药或其他速效生物农药。如Bt对松毛虫的致死速度快，喂毒后4 h即开始出现死虫，24～48 h达到死亡高峰。

③混用农药的使用剂量：与CPV混用的常用药剂是菊酯类化学农药，用量为常用量的1/3～1/2。

④关注害虫龄期和密度：由于CPV必须经取食进入害虫中肠，才能感染害虫，因而防治时的虫龄不宜过小，以避

免因害虫取食量过小而减少受感染的机会，进而降低防治效果。此外，松毛虫 CPV 的杀虫速度较慢，防治高龄幼虫效果不强，易出现虫死树光的现象，因此防治时机又不能太迟。这就要求在确定防治时机时必须从虫口密度、环境温度及松林忍耐力等方面综合考虑。

⑤防治时机：林相较好，虫口密度较高时应在 4 龄前防治；高温季节，松毛虫的发育速度加快，防治时机应适当提前；越冬代气温低于 15℃时，松毛虫的取食活动基本停止，应待气温回升后或提前于越冬前气温较高时防治。

⑥适当添加增效剂：在病毒液中加入 0.06%硫酸铜、1%的活性炭可提高杀虫率 20%左右。

⑦CPV 与 Bt 混用并加入适量化学杀虫剂防治松毛虫是非常成功的。混用可以提高杀虫速度和防治效果，减少松针损失，保护天敌，不污染环境，持续控制作用比较显著，是值得推行的一种防治方式。

134. 抗生素类杀虫剂有何特点?

抗生素是由一些放线菌代谢产生的对昆虫和螨类有强的致病和毒杀作用产物，又叫杀虫素、抗昆虫抗生素或杀虫抗生素。杀虫素有以下特点：

(1)无公害

在自然界分解比较快，残留少，不易污染环境，不会破坏自然界生态系统。

(2)高效

对昆虫的作用浓度都比较低，杀虫效果高。

(3)高选择性

杀虫素对害虫有很强杀灭力，但对益虫如寄生性昆虫却没有作用。由于其高效，广谱，毒性相对低，对环境影响小，目前已在水稻、棉花、蔬菜、果树、烟草、花卉等多种作物上施用，在牲畜、宠物体内寄生虫的防治上也显示了它的优越性。

☞ 135. 阿维菌素杀虫剂的特点如何？

阿维菌素是最早从土壤中某放线菌中分离的。阿维菌素类杀虫剂是一种新型的广谱性抗生素类螨杀虫剂，对多种作物害虫等具有很高的生物活性，对常用的杀虫杀螨剂敏感系或抗性系害虫均有优异的防治效果。该类制剂使用安全、对生态系统无不良影响，因此是当前果蔬害虫综合防治中最理想的生物农药之一。

阿维菌素对昆虫和螨类具有胃毒和触杀作用，无内吸和熏蒸作用，不能杀卵，但对叶片有很强的渗透作用，可杀死植物表皮下的害虫，持效期长，害螨 30 天、害虫 7～14 天。该类药剂还具有良好的"层移活性"，即能渗入植物叶片组织中，在其间形成药囊长期贮存，发挥长效，因此对常用农药难防治的害螨、潜叶蝇、潜叶蛾以及其他的钻蛀性或刺吸式口器的昆虫有较高防效。该类药剂对抗药性害虫有较好的防效，与有机磷、拟除虫菊酯和氨基甲酸酯类农药无交互抗性，具有高效、广谱、低毒、害虫不易产生抗性、对天敌较安全的特点。阿维菌素在土内被土壤吸附不会移动，且会被土壤微生物分解因而在环境中无累积作用。

对蜜蜂也有毒，但叶面喷药 4 h 后对蜜蜂基本无害。阿维菌素的商品剂型有 1％和 1.8％的乳油，有效成分在 2％以下，加水稀释后有效成分浓度更低，毒性也随之下降。

136. 阿维菌素的杀虫机理是什么？

阿维菌素是一种神经传导介质的拮抗剂。药液进入虫体后与特殊位点相结合。抑制神经传导介质的释放，从而阻断神经传递。药液还可以通过昆虫的气孔或爪垫进入体内，同时具有良好的皮层流的传导作用。昆虫幼虫和螨类成若虫接触药剂后即出现麻痹症状，不活动、不取食，2～4天后死亡。因不引起昆虫迅速脱水，所以阿维菌素致死作用较缓慢。阿维菌素对捕食性昆虫和寄生天敌虽有直接触杀作用，但因植物表面残留少，因此对益虫的损伤很小。

137. 阿维菌素的防治对象主要有哪些？

阿维菌素是一种高效的抗菌素类杀虫剂，不但对牲畜体内外几十种寄生虫高效，对螨类也有特效，对鳞翅目、缨翅目、鞘翅目、双翅目、膜翅目、蜚蠊目、半翅目、同翅目的84种农业害虫有活性。该类药剂可防治蔬菜、果树、棉花、水稻等多种作物的多种害虫和螨类，如小菜蛾、菜青虫、菜蚜、斜纹夜蛾、豆荚螟、茄红蜘蛛、桃小食心虫、潜叶蛾、斑潜蝇、棉铃虫、柑橘锈壁虱等，特别对小菜蛾、柑橘锈壁虱有特效。

138. 阿维菌素有多少异名？

由于全国有许多生产阿维菌素的厂家，不同厂家的产品命名不同，因此给生产上的使用可能带来一定的混乱，不同的药剂名称可能含的有效成分相同。主要成分是阿维菌素的药剂商品名称有爱福丁、爱诺虫清、灭虫丁、阿巴菌素、阿弗菌素、阿维虫清、阿维兰素、杀虫菌素、揭阳霉素、爱螨力克、螨虫素、齐螨素、齐墩螨素、齐墩霉素、害极灭、阿巴丁、强棒、赛福丁、虫螨克、虫克星、灭虫清、农哈哈、灭虫灵、7051 杀虫素、杀虫畜、畜卫佳、Agrimec、Avermectin B_1 等。

在我国不同厂家用阿维菌素原药生产出的不同浓度的阿维菌素制剂商品种类很多，通常乳油类有效成分含量 0.12%～2%，粉剂为 0.05%，也有的将阿维菌素和其他药剂或物质混配，如杀虫单、吡虫啉、灭多威、高效氯氰菊酯、氯氰菊酯、甲氰菊酯、高氯氟氰菊酯、氰戊菊酯、溴氰菊酯、联苯菊酯、辛硫磷、毒死蜱、三唑磷、敌敌畏、乙酰甲胺磷、杀螟硫磷、马拉硫磷、乐果、苏云金杆菌、柴油、机油等，生产出大量的各种各样的产品，如 4%阿维·啶虫乳油、1.5%阿维·啶微乳剂、10%阿维·烟乳油、0.4%阿维·苦微乳剂、17%阿维·杀虫微乳剂、30%阿维·灭幼悬浮剂、0.8%阿维·印楝乳油、1.2%阿维·辣椒碱微乳剂、1.8%阿维·鱼酮乳油、1.8%阿维·氟铃脲乳油、2.5%阿维·氟铃乳油、0.1%阿维·苏 WP 等。

此外，为了提高阿维菌素的某些特性或提高杀虫效果，对其结构进行改造，又生产出了大量的类似的杀虫剂，如埃玛菌素、桔霉素、南昌霉素等。

因此，在生产中选用阿维菌素类杀虫剂时，要仔细阅读说明书，注意其有效成分的浓度和种类等以免误用。

139. 如何使用阿维菌素?

首先注意购买的种类其阿维菌素的有效成分是多少，根据说明书加水稀释一定的倍数，在幼虫初孵化时喷雾即可。

(1)1.8%的乳油使用方法

防治红蜘蛛、锈蜘蛛等螨类：用 1.8%阿维菌素 3 000～5 000倍液或每 100 kg 水加 1.8%阿维菌素 20～33 mL。防治棉田红蜘蛛每 667 m^2 用 1.8%阿维菌素乳油 30～40 mL 对水喷雾。防治小菜蛾等鳞翅目幼虫：用1.8%阿维菌素 2 000～3 000 倍液或每 100 kg 水加1.8%阿维菌素 33～50 mL喷雾。

(2)1%的乳油使用方法

防治螨类：棉花害螨用1%乳油 4 000～5 000 倍液；蔬菜害螨用 4 000 倍液；苹果树害螨用 1%乳油 4 000～6 000 倍液；柑橘锈螨用 1%乳油 6 000～10 000 倍液；柑橘全爪螨用 1%乳油 4 000～5 000 倍液喷雾。防治小菜蛾、菜青虫等害虫：防治小菜蛾用 1%乳油 1 700 倍液均匀喷雾；防治菜青虫用 1%乳油稀释 2 000 倍液；防治斑潜蝇和桃小用 1%乳油 2 500～3 000 倍液；防治蚜虫用 1%乳油 4 000 倍液。防治棉铃虫用 1%乳油对水稀释到 800～1 200 倍，均匀喷雾。

☞ 140. 使用阿维菌素类杀虫剂的注意事项有哪些?

①阿维菌素对蜜蜂有毒，在蜜蜂采蜜期不得用于开花作物。

②阿维菌素对鱼类高毒，因此施药时不要使药液污染河流、水塘。

③本剂与其他类型杀螨剂无交互抗性，对其他类杀螨剂产生抗性的害螨本剂仍有效。

④如发生误服中毒，可服用吐根糖浆或麻黄解毒，避免

使用巴比妥、丙戊酸等增强 γ-氨基丁酸活性的药物。

⑤使用禁忌作物：按绿色食品农药使用准则规定，在生产 A 级、AA 级绿色蔬菜和果树产品时不能使用本剂。

⑥防治时间以幼虫初孵化时施药效果最好，加 0.1% 的植物油可提高药效。

⑦阿维菌素杀虫、杀螨的速度较慢，在施药后 3 天才出现死虫高峰，但在施药当天害虫、害螨即停止取食为害。

⑧该药剂以胃毒为主、触杀为辅，无内吸性，所以喷药时需要有足够的药液均匀喷雾在作物的茎叶上。

⑨不能与碱性农药混用。

⑩夏季中午时间不要喷药，以避免强光、高温对药剂的不利影响。

⑪由于用阿维菌素作为主要成分的商品药剂种类很多，因此在使用前必须仔细阅读药瓶上的说明书，注意其防治对象、使用倍数和注意事项。

⑫施药后，害虫会有 1～3 天的不食、不动、不死的中毒过程，害虫虽然没有立即死去但不再为害，这就达到防治害虫和消除为害的目的，因此不能以化学农药的标准来要求生物农药，更不能认为虫死得越快，药就越好。

⑬使用剂量：使用前仔细阅读说明书，按照其推荐的剂量使用。田间使用时不要随意加大用量，以至增加使用成本和产生抗药性。

141. 多杀菌素的特点如何？

多杀菌素是土壤放线菌产生的一类活性物质。具有胃毒和触杀两种杀虫作用，但以胃毒为主，对昆虫、螨类、线虫有活性。多杀菌素对鳞翅目如菜青虫、小菜蛾、棉铃虫、斜纹夜蛾、甜菜夜蛾、烟芽夜蛾，苹果卷叶蛾、桃潜叶蛾、菜螟、黏虫等有较高杀虫活性，也对部分双翅目如潜叶蝇、蚊、蝇等、鞘翅目、膜翅目害虫也有杀虫活性。

多杀菌素的杀虫机理是激活乙酰胆碱受体，引起昆虫神经痉挛、肌肉衰弱最终导致昆虫麻痹而致死，由于其作用机制与其他各类杀虫剂不同，因此和阿维菌素一样与其他各类杀虫剂不存在交互抗性。多杀菌素制剂常用剂型有2.5%悬浮剂(商品名为菜喜)和48%悬浮剂(商品名为催杀)，是一种低毒生物源抗生素杀虫剂，杀虫速度快，喷药后当天即可见效，安全采收间隔期为1天，因此施药后也基本不会影响蔬菜上市，可在果蔬、茶叶、烟草、中草药、粮食等作物上广泛应用，最适合无公害蔬菜生产中应用，但由于它对鱼类有一定毒性，所以在水生蔬菜、水稻上谨慎使用。

142. 如何用菜喜来防治害虫?

多杀菌素有效含量为2.5%的悬浮剂即为商品药剂菜喜，用菜喜主要防治蔬菜上的小菜蛾、甜菜夜蛾、蓟马等害虫。

(1)防治小菜蛾

在甘蓝莲座期，小菜蛾处于低龄幼虫期时施药，用2.5%悬浮剂1 000～1 500倍，或每667 m^2用2.5%菜喜悬浮剂33～50 mL，或每667 m^2使用有效成分0.825～1.25 g，对水20～50 kg喷雾。每季蔬菜间隔7～10天后连续施药2次。

(2)防治蓟马

在蓟马发生初期，每667 m^2用2.5%菜喜33～50 mL；或每667 m^2用按有效成分总量为0.825～1.25 g；或用

2.5%悬浮剂 1 000～1 500 倍液，即每 100 kg 水加 2.5%菜喜 67～100 mL 均匀喷雾，重点喷洒幼嫩组织如花、幼果、顶尖及嫩梢等。

(3)防治甜菜夜蛾

在低龄幼虫期施药，每 667 m^2 2.5%菜喜悬浮剂 50～100 mL，或每 667 m^2 有效成分 1.25～2.5 g，喷雾，傍晚施药防虫效果最好。

143. 如何用催杀防治害虫？

催杀是多杀菌素的 48%悬浮剂。防治棉田和菜田中的棉铃虫、烟青虫时，在幼虫低龄发生期，每 667 m^2 用 48%的悬浮剂 4.2～5.6 mL，对水 20～50 kg 喷雾即可。

144. 使用多杀菌素制剂的注意事项有哪些？

①根据虫情每季蔬菜连续施用菜喜 2 次效果最佳，间隔期 7～10 天。

②为了延缓抗药性，每季蔬菜喷施 2 次后要换用其他杀虫剂。

③本品虽为低毒杀虫剂，但使用时也应注意安全防护。操作时若飞溅入眼睛，应该立即用大量清水冲洗。和药剂接触的皮肤和衣物用大量清水或肥皂水清洗。若误服切忌不要自行引吐或灌催吐剂，应该立即送医院治疗。

④喷雾时要均匀，使整个植株叶片的正反面和茎都喷到药液，否则防效差。

⑤将本商品存放于阴凉、干燥安全的地方，远离粮食、饮料和饲料。

⑥清洗施药器械或处置废料时，应避免污染水体。

☞ 145. 如何用华光霉素防治害螨?

华光霉素又称日光霉素、尼柯霉素,是一种兼有杀螨和杀真菌活性的农用抗生素,属高效、低毒、低残留农药,对植物无药害,对天敌安全。华光霉素是唐德轮枝链霉菌的代谢产物。商品制剂经发酵而得。其作用机理是阻止葡萄糖胺的转化从而干扰细胞壁几丁质的合成,抑制螨类和真菌的生长。华光霉素主要用于防治害螨类,如山楂叶螨、苹果全爪螨或柑橘全爪螨等,对瓜、果、菜、豆、茄类等作物的叶螨防效达 80%～90%。使用方法是在叶螨发生初期,用 2.5%华光霉素可湿性粉 1 400～1 200 倍液喷雾,持续期 30 天左右。

☞ 146. 使用华光霉素应该注意哪些事项?

①该药剂杀螨作用较慢,因此应在叶螨发生初期施药,若螨的密度过高效果不理想。

②无内吸性,喷药要均匀周到。

③药液要现配现用,当日一次用完。若喷施后遇雨应及时补喷。

④不能与碱性农药混用。

⑤避免中午喷药。

⑥药剂应该保存在阴凉、干燥避光处,保质期 2 年。

☞ 147. 如何使用浏阳霉素?

浏阳霉素是从灰色链霉菌中分离出的一种农用抗生素类杀螨剂,属高效低毒农药,对多种天敌、蜜蜂、家蚕均安全，也不杀伤捕食螨。杀螨谱较广，害螨也不易产生抗性，对螨类具特效，对蚜虫也有较高的活性，可用于棉花、果树、蔬菜等作物防治螨类及蚜虫。本剂具有很强触杀击倒力，喷药后几小时就杀死大部分成虫，但无内吸性。药液直接喷至螨体上药效很高，但害螨在干药膜上爬行几乎无效。对成、若螨及幼螨有高效，但不能杀死螨卵，对螨卵孵化也有一定的抑制作用。本剂对螨类防效好且易被微生物分解无残留，因此可作为生产无公害水果及 AA 级绿色食品防治螨类的首选药。使用方法如下：

(1)防治蔬菜害螨

当黄瓜、茄子或豆角等蔬菜叶片上发生红蜘蛛及茶黄螨时，应在点片发生时开始，用 10％浏阳霉素乳油用水稀释 1 000～1 500 倍进行均匀喷雾，可在 1～2 周内保持良好防效。防治辣椒上的截形叶螨和二斑叶螨混生种群，在发生初盛期喷药，10％浏阳霉素乳油每 667 m^2 使用量 30～40 mL，对水 40～50 kg 后喷雾，有效期可达 2 周以上。

(2)防治果树害螨

于各种叶螨的成螨、幼若螨集中发生期进行防治。用 10％浏阳霉素乳油防治苹果全爪螨、山楂叶螨用 1 000 倍液。防治柑橘锈螨用 1 000～1 500 倍液，防治柑橘全爪螨用 1 000～1 200 倍液。

☞ 148. 使用浏阳霉素要注意哪些事项？

①和有机磷、氨基甲酸酯和某些增效剂复配后药效显著提高，生产上还可与多种杀虫剂、杀菌剂混配以提高工效，以达到增效及扩大杀虫谱的效果。

②浏阳霉素遇光宜分解，因此不要在中午用药。

③制剂对眼睛有轻微刺激作用，喷雾时注意防护。药液若溅入眼内，用大量清水冲洗，1 天后可恢复正常。

④对鱼类有毒。

⑤浏阳霉素对害螨以触杀为主，喷药周到使枝叶全面着药才能提高防效。

⑥该药应存放于干燥阴凉处，以免失效。

⑦与波尔多液等碱性农药混用时，要现配现用。

149. 什么是微孢子虫?

昆虫微孢子虫病的病原——微孢子虫是一种极古老的单细胞真核生物，在分类上属于原生生物界，原生动物亚界，微孢子虫门。微孢子虫分布非常广，种数与整个动物的种数目大体相等，广泛寄生于真核细胞内。在已鉴定的 143 属中有 69 属 600 多种以昆虫为寄主，其中 42 个属寄生双翅目昆虫。昆虫微孢子虫可感染从卵期到成虫期任何发育阶段的昆虫，昆虫纲几乎所有的目都可被感染，约有 400 多种昆虫。微孢子虫侵染昆虫的途径有 3 条：经口感染、经表皮感染和经卵感染。微孢子虫个体微小，无线粒体，专性细胞内寄生，生活史常经历孢子发芽、裂殖生殖和孢子形成 3 个阶段，但某些微孢子虫在增殖过程中能形成 2 种形态、功能各异的孢子。昆虫微孢子虫的孢子多呈卵形、椭圆形或洋梨形，由孢子壁、极膜层、极丝、孢原质和后极泡等结构组成。微孢子虫侵染昆虫组织是以孢子发芽并将孢原质经极管注入寄主细胞的特殊方式完成。微孢子虫进入寄主细胞后，由于各发育时期都没有线粒体，因此其营养来源完全依赖于寄主细胞的线粒体，参与微孢子虫的代谢过程，为微孢子虫提供能量，从而破坏寄主细胞细胞核和胞质之间的正常代谢作用。微孢子虫对寄主昆虫的破坏作用主要体现在掠夺养分、分泌蛋白酶溶解寄主细胞内容物、机械破坏寄主细胞完整性等方面。随着破坏作用的逐渐扩大和加剧，导致寄主组织和器官丧失功能，寄主昆虫死亡。

150. 昆虫微孢子虫杀虫剂有哪些优点？

用微孢子虫防治害虫的优点主要有：

(1)防治费用低

田间使用微孢子虫防治害虫的费用一般要比化学防治低。

(2)生产简易

微孢子虫的生产是用活体生产，而活体寄主的饲养通常比较简单，再者还可以用替代寄主来繁殖微孢子虫。例如生产蝗虫微孢子虫用的寄主东亚飞蝗就可用玉米、小麦和芦苇等禾本科植物叶片喂饲再来繁殖。

(3)安全性强

微孢子虫是蝗虫的专一性寄生物，不伤害天敌，对人、畜、鸟、禽安全，无需禁牧。微孢子虫在38℃以上的气温条件下死亡，不污染环境。

(4)田间操作简便

微孢子虫通常是用一定的载体撒在田间防治害虫，这些带有微孢子虫的载体可用飞机撒施，也可用地面机具，甚至徒手撒施。

(5)微孢子虫病可自然流行

一旦微孢子虫病在害虫中流行，可维持多年控制害虫为害。

(6)害虫不会产生抗性

(7)对植物不产生药害

(8)可与其他防治技术协调使用

如可和化学药剂混合互补使用，即迅速压低害虫的虫口密度又使微孢子虫疾病在田间流行。

151. 昆虫微孢子虫杀虫剂有哪些缺点？

微孢子虫杀虫剂的缺点跟其他微生物杀虫剂有很大的相似性，其主要的缺点有：

①杀虫慢效：多数微孢子虫杀虫的效果较慢，从感染到死亡要经历一段时间。如多种蝗虫在使用蝗虫微孢子虫后常常在半月后开始死亡。

②商品种类少：在微孢子虫种质资源方面，应选择开发致病力强、对多种害虫有效的种源。生产中可应用的种类不多，因此在一定程度上限制了微孢子虫防治害虫的使用。

③效果不稳定：防效受到环境条件的限制，如强烈的光照可灭活微孢子虫。

④孢子的施用方法上还不够完善，使用的载体还有待进一步多样化、简易化。

⑤由于微孢子虫是慢性的杀虫剂，因此常在害虫种群密度低的情况下使用才不至于造成很大的损失。在害虫密度较高的情况下，通常要使用高效农药先压低害虫种群密度后再使用微孢子虫。

152. 目前可使用的微孢子虫的种类有哪些？

目前经室内鉴定并显示较大生物防治潜能的昆虫微孢子虫有按蚊微孢子虫、枞色卷蛾微孢子虫、棉铃象微孢子虫、蝗虫微孢子虫、玉米螟微孢子虫、黏虫变态微孢子虫等。在我国，已商品化大面积应用的是蝗虫微孢子虫。

☞ 153. 蝗虫微孢子虫可防治的对象有哪些？

商品的蝗虫微孢子虫杀虫剂是微孢子虫的浓缩液，生产过程是用东亚飞蝗进行活体接种后，室内饲养 35～40 天，集中死虫粉碎、过滤、浓缩制成。

蝗虫微孢子虫可感染 58 种蝗虫，防治为害比较严重的主要种类有：飞蝗、中华稻蝗、白边痂蝗、毛虫棒角蝗、宽翅曲背蝗、宽须蚁蝗、笨蝗、意大利蝗、红胫戟纹蝗、西伯利亚蝗、黑条小车蝗、黄胫小车蝗、亚洲小车蝗等。

☞ 154. 如何使用蝗虫微孢子虫？

在我国使用蝗虫微孢子虫常用来防治草原蝗虫以及稻田稻蝗。无论防治哪种蝗虫，通常是在蝗蝻处在 2～3 龄期使用药剂。田间使用微孢子虫时常制作成毒饵。制作方法是把蝗虫微孢子虫浓缩液按每公顷使用 10 亿～130 亿个微孢子虫的剂量用水稀释，喷在载体上。载体通常使用特制的大片麦麸，每公顷用量是 1.5 kg。喷洒微孢子虫的麦麸在拌匀后就可用飞机或地面机具（或人工方法）条带状撒施在田间，条带间隔为 40 m 左右。撒施后 2 h 饵料即可被蝗虫吃光，此后遇雨也不影响防效。

☞ 155. 使用蝗虫微孢子虫的注意事项有哪些？

①微孢子虫灭蝗死亡速度慢，因此应在蝗蝻 2～3 期施用，大龄蝗蝻期施药蝗虫死亡率低不能减少其为害。

②应连年施药：在干旱的草原区蝗源地带，第1年施药后第2～3年应连续施药，造成蝗虫全面感染，发挥持效作用，有利于降低蝗虫密度，减轻其为害。

③本剂为活体制剂，购入前在－10℃条件下保存，购买之后应冷贮快运。制成饵料后，在施药前要放阴凉处，防止阳光暴晒，并尽快撒入田间。长期保存可放在－20℃下保存1～2年。

④选择合适的施用方法和喷施时期：防治草原蝗虫多用毒饵，防治时间在蝗蝻2～3龄。

⑤和农药混用：田间在害虫种群密度较高的情况下注意和部分农药的混用，可快速杀灭害虫，降低其种群密度，在低密度下自然控制害虫为害。

⑥施药时应该在害虫活动高峰时使用，害虫活跃，取食量大，可尽快把毒饵食完，但尽量避开温度较高的时间施药，以防阳光和高温对微孢子虫的灭活。

⑦不同的蝗虫种类对蝗虫微孢子虫的敏感程度不同，因此注意应根据防治的蝗虫种类适当增加微孢子虫的剂量。

⑧多数蝗虫喜欢取食禾本科的植物，因此毒饵的载体常常用麦麸，但是不同的种类喜欢取食的植物不同，因此可根据当地具体的种类选择其喜欢取食的植物作载体制作毒饵，以提高防效。

☞ 156. 如何用按蚊微孢子虫防治蚊虫？

防治蚊子的微孢子虫主要是按蚊微孢子虫或微粒子，对按蚊、伊蚊和库蚊等27种蚊子有致病性，可使冈比亚按蚊和四斑按蚊大量死亡，幸存的按蚊成虫产卵量减少、寿命缩短、传播疟疾的能力也降低。每平方米水域使用剂量是0.1亿～22亿个孢子。防治的关键使孢子能在滋生蚊子的水面上保持几天，以便蚊子食下孢子感染发病，若使用后迅速沉降到水底则防效较差。

☞ 157. 如何用枞色卷蛾微孢子虫防治杉树卷蛾?

可用枞色卷蛾微孢子虫防治衫树上的卷叶蛾。使用的方法是在卷蛾幼虫为3～4龄时，每株白云杉树喷雾500亿～1 800亿孢子液。枞色卷蛾微粒子可成功地传入杉树的卷蛾虫口中，并可使虫口的发病水平增长持续2～3年。

☞ 158. 如何用玉米螟微孢子虫防治玉米螟?

用玉米螟微孢子虫防治玉米螟，每公顷的使用剂量是2亿～13万亿孢子，每季喷施2～3次，并用脱脂奶粉作为紫外线保护剂。玉米螟微孢子虫还可与苏云金杆菌混用。

此外，用玉米螟微孢子虫还可防治云南松毛虫，用0.26亿/mL的药液浓度在害虫1～4龄期喷雾使用。

☞ 159. 如何用黏虫变形微孢子虫防治害虫?

黏虫变形微孢子虫可防治多种害虫，例如黏虫、烟草芽夜蛾、结球甘蓝尺蠖、苜蓿绿夜蛾等害虫。该微孢子虫对害虫致病力强，孢子易大量生产是一种具有良好潜质的微生物杀虫剂。昆虫感染后有两种死亡类型：一种是快速死亡：即在高剂量孢子引起的肠病害而快速死亡；另一种慢速死亡：是在低剂量孢子侵染脂肪体和其他组织而缓慢致死。

防治玉米田间的黏虫，可将微孢子虫液滴到玉米穗花丝中，每穗使用剂量是0.01亿～4亿孢子，防效在70%左右。

防治烟草烟芽夜蛾、结球甘蓝尺蠖：可喷洒微孢子虫药液，使用剂量是每公顷2.2万亿个孢子。

防治谷实夜蛾和烟芽夜蛾：在烟草、大豆和高粱田中，防治此类害虫，可喷施黏虫微孢子虫，使用剂量是每公顷25万亿个孢子。感染率在63%以上。

防治苜蓿绿夜蛾：在大豆田中，每公顷喷施2.5万亿孢子。

微孢子虫的毒饵配制：配制的毒饵可保护孢子，还可简易地将浓缩的孢子直接施用在植物上。用黏虫微孢子虫毒饵防治黑切根虫的毒饵，使用载体是葡萄渣肥，使用剂量是每公顷用22.5 kg葡萄渣肥，微孢子虫的剂量是40万亿孢子，混匀后撒施。

160. 什么是杀虫线虫？

土壤中生活的线虫种类繁多，有42 000多种。按照其食性可分3类：腐生线虫、植物寄生线虫和动物寄生线虫。其中生产上使用的杀虫线虫属于动物寄生线虫。线虫不仅种类多，而且数量巨大，一些寄生于昆虫的线虫，可有效地抑制一些害虫的种群，如蚊、摇蚊、蝗虫、舞毒蛾、日本丽金龟等。

杀虫线虫也就是昆虫病原线虫，可使昆虫致病死亡，它不同于一般的昆虫寄生线虫，这类线虫的杀虫机理是它们的消化道内携带共生细菌，可从昆虫消化道或体壁侵入，进入昆虫血腔，共生菌从线虫体内释放出来，在昆虫血液内繁殖，使寄主患败血症迅速死亡。昆虫病原线虫寄主范围广，寄生杀虫效果好，致死速度快。线虫本身在土壤中有较好的生存和扩散能力，施用后可以自己寻找寄主，对那些栖境隐蔽、其他杀虫剂作用不到的地下害虫、钻蛀害虫，有着其他防治手段所不可比拟的优势。

我国昆虫病原线虫的研究尚处于初级阶段，研究集中于小卷蛾线虫、芫菁夜蛾线虫和异小杆线虫对 40 多种害虫的防治。目前应用较多的昆虫病原线虫有 2 类：一类是索科线虫，索线虫体圆柱形，长 1～50 cm，其大小随寄主大小和种类不同而变。因个体大、发现早、对人畜安全、有效，易于生产、便于贮存，易在新环境中定居、且使用后对害虫有持续控制，因此索线虫被列为昆虫寄生线虫首位，有很大的生防潜能，在国外已有商品制剂出售。索线虫有 80 余属 3 000 余种，我国已发现的索线虫科有 5 属，其中已经定名的有 9 种。这些索线虫可寄生于直翅目、鳞翅目、双翅目、同翅目等 19 目的 3 000 多种昆虫体内。另一类是斯氏线虫和异小杆线虫，斯氏线虫和异小杆线虫也是目前最有希望的生物防治因子之一，这类线虫寄主范围广。在其生活史中，有一种共生菌，随线虫进入昆虫体内，致使昆虫在 1～2 天内死亡。寄主昆虫死亡后，线虫在昆虫尸体内以细菌为营养大量繁殖。在土壤中有较好的生存能力和扩散能力。

昆虫病原线虫是一种嗜虫性线虫，不危害植物，能从寄主的表皮、肛门和气孔等处或顺食物进入害虫体内，并排出自身携带的共生细菌于寄主血腔，使寄主引起败血症致死。这种线虫有寄主范围广、有较高的毒性、能够用人工培养基工厂化生产和对人、畜安全等优点。

☞ 161. 如何使用芫菁夜蛾线虫防治蛀干类害虫？

芫菁夜蛾线虫又名斯氏线虫、小卷蛾线虫和夜蛾斯氏线虫。是经人工培养扩繁而制成的活体线虫杀虫剂。其杀虫机理是线虫经自然孔口侵入寄主,在寄主血腔内释放为线虫发育提供营养的共生菌,并促进4龄线虫发育成雌雄异体的成虫,用寄主营养繁殖后代,当发育为3龄时便从寄主体内钻出,寻找新的寄主,最后耗尽害虫营养导致害虫死亡。同时共生菌会产生毒素引起昆虫败血症使昆虫发育受阻而死亡。线虫发育速度受温度影响较大,通常生活周期为14～20天,但施用后可在2天内杀死寄主。用于防治蛀干类害虫:木蠹类有芳香木蠹蛾、小木蠹蛾、相思拟木蠹蛾、多纹豹蠹蛾幼虫;天牛类有光肩星天牛、桑天牛、桃红颈天牛、台湾柄天牛、黄带黑绒天牛、黄斑星天牛以及沟框象鼻虫等。

线虫的商品剂型是含有1亿条活线虫泡沫塑料吸块袋,使用前要先配制活线虫悬浮液,方法是用清水将吸附在泡沫塑料块中的线虫洗出,配成线虫悬浮液。

防治木蠹蛾类幼虫:用制剂1袋用50～70 kg水洗涤配成线虫悬浮液。将配好的活线虫悬浮液,用洗涤瓶或注射器,从被木蠹蛾幼虫为害树木最顶端虫孔洞口注入,直至树木最下端的蛀孔有线虫悬浮液流出为止,达到虫道中充满线虫悬浮液。

防治天牛类幼虫:用本品一袋用30 kg水把线虫洗出,配制成悬浮液,将线虫悬浮液用注射器从蛀孔洞口处注入并注满整个蛀道。

162. 使用芫菁夜蛾线虫的注意事项有哪些?

①向蛀孔注药液前,应先将蛀孔中的虫粪及排泄物清理干净,使虫道畅通,易注入药液,便于操作,提高防治

效果。

②可和部分化学农药混用：为促使害虫快速死亡，还可与低剂量的乐果、辛硫磷等化学农药混用，但符合药剂要现配现用，当日用完不得隔夜。

③线虫对高温、干燥和紫外线敏感：昆虫病原线虫不耐高温，37℃以上就死亡，因此应现配现用，不宜在水中浸泡时间过长以防浸死线虫。

④防治木蠹蛾类害虫一般在春秋气温 15～30℃之间进行，30℃以上高温影响防效。

⑤在没有水源的地区使用：可将含有线虫的海绵块撕碎成小块直接从蛀孔塞入。

⑥在有水源地区：按 1 mL 水中含 1 000～2 000 条线虫的剂量配成线虫水悬液，装入带尖嘴的塑料瓶中或使用去喷嘴的喷雾器，从被木蠹蛾为害的树干最上端注入线虫水悬液，注的液体量应该在最下端蛀孔有线虫液流出为止，使木蠹蛾幼虫受侵染并迅速死亡。一般在使用后 2～3 天即可有感病害虫爬出死亡。

⑦贮存：线虫杀虫剂是活体生物制剂，因此暂时贮存应该放在阴凉低温的环境下（温度最好在 10℃左右）处保存，贮存期半年左右。

☞ 163. 如何用褐夜蛾线虫防治荔枝拟木蠹蛾？

应用昆虫病原褐夜蛾线虫防治荔枝蛀茎害虫——荔枝拟木蠹蛾，方法是用在幼虫为害的树干上寻找为害的坑道洞口，用针筒向洞口内注射含有线虫的悬浮液。每个洞口注射 0.4～2 mL 悬浮液，悬浮液的线虫为每毫升含 8 000条。

☞ 164. 如何用小卷蛾斯氏线虫防治害虫?

小卷蛾斯氏线虫是从土壤中分离的一种杀虫线虫。本线虫制剂可防治蔬菜、草坪的害虫,如黏虫、葡萄黑象甲、地老虎、大蜡螟、大蚊、曲胫叶甲、谷象、尖眼蕈蚊、黑光天牛以及跳蚤。对高等动物无毒性,对非靶标生物及环境安全。生产中使用的剂型是颗粒剂,颗粒内包囊 3 龄侵染期线虫。处在 3 龄侵染期的线虫不取食,并能在体外存活,因此可制成制剂。田间防治上述这些害虫时用颗粒剂与水混合后均匀喷洒于地面上,使用剂量是每 20 m^2 喷施 0.1 亿条侵染期线虫。

☞ 165. 使用小卷蛾斯氏线虫杀虫剂需要注意哪些事项?

①在施用时要确保土壤潮湿,且温度在 10～30℃之间。

②线虫制剂需低温贮存,忌冷冻、阳光直晒或高温(>35℃)。在 6～8℃下货价寿命为 2 周。运输后线虫仅在短期内保持侵染活性,制剂为颗粒制剂可延长线虫寿命,室温下可存活 2 个月,5℃可存活半年。

③在肥料中不能存活,因此不能和肥料混合使用。

☞ 166. 赤眼蜂的分类地位和形态特征是什么?

赤眼蜂属于膜翅目纹翅卵蜂科。其形态特征是:成虫体微小,体长 0.2～1.0 mm,体色黄色或黄褐色。复眼和单眼均为红色而得名。触角膝状。前胸短宽,中胸发达,后胸和第一腹节紧密连接称并胸腹节。翅 2 对，前翅大而宽圆，膜质透明，翅缘具细长缨毛。翅脉简单，1 条“S”形。翅面密被纤毛列。后翅狭长呈刀状，缘缨毛比前翅的稍长。腹部 10 节，第 1 节并入后胸成为并胸腹节，第 2 节挤在腹基部，背面观第 3 腹节成为明显的第 1 个腹节，因此腹部从第 3～7 节明显可见。雄性生殖器各组成部分的形态、长短、大小比例是赤眼蜂分种依据。

167. 赤眼蜂防治害虫的杀虫原理是什么？

赤眼蜂控制害虫的杀虫原理跟普通的化学防治不同。赤眼蜂为延续后代种群数量，雌成虫专门寄生害虫卵来繁殖后代。大多数雌蜂和雄蜂的交配在寄主体内完成后，雌蜂用口器咬破卵壳爬出寄主卵，然后在自然环境中靠触角上的嗅觉器寻找寄主卵。找到寄主卵后先用触角点触寄主，徘徊片刻爬到其上，用腹部末端的产卵器向寄主体内探钻，把卵产在其中。这些卵孵化出的赤眼蜂幼虫就取食害虫卵内的营养物质，等害虫卵的营养物质被破坏或被耗尽时，害虫的卵生命就会终结，不能孵化或死亡，这样就会把害虫消灭在卵阶段，害虫种群数量受到很大影响，降低或减轻其危害从而达到控制害虫的目的。

168. 我国自然环境中的赤眼蜂的种类和分布情况如何？

赤眼蜂在我国目前已鉴定的大约有 24 种。分布全国的种有螟黄赤眼蜂、松毛虫赤眼蜂和玉米螟赤眼蜂。分布较广的种是稻螟赤眼蜂、广赤眼蜂和舟蛾赤眼蜂，其他种则分布地区较少。我国赤眼蜂的资源丰富，因此在实际生产中要首先考虑充分保护这些自然的天敌。

169. 赤眼蜂的寄主有哪些?

近 20 多年来,赤眼蜂在我国已经成为应用面积最大、防治害虫最多的一类天敌。赤眼蜂可寄生鳞翅目、半翅目、直翅目、鞘翅目、同翅目、膜翅目、广翅目和革翅目等 10 个目 200 多属 400 多种昆虫卵内。其中以鳞翅目昆虫的寄主最多,达 28 个科,其中又以螟蛾科和夜蛾科最多,分别有 164 种和 147 种;毒蛾科和小卷叶蛾科次之分别有 46 种和 37 种。对我国 24 种赤眼蜂的调查,寄主共有 127 种昆虫,其中松毛虫赤眼蜂、稻螟赤眼蜂、螟黄赤眼蜂、舟蛾赤眼蜂和广赤眼蜂的寄主数目最多,分别是 64 种、42 种、50 种、34 种和 19 种。赤眼蜂所寄生的这些昆虫种类理论上是可以用赤眼蜂来进行防治的。

170. 赤眼蜂的发育历程是什么?

赤眼蜂的个体发育需要经过卵、幼虫、预蛹、蛹和成虫 5 个发育阶段。整个生活史除成虫可在自然环境中活动外,其他虫态均在寄主昆虫的卵内生活。

赤眼蜂完成从卵到成虫一个世代需要时间与种类和环境温度有关。一般在 20℃以下世代历期约 16 天;27℃下 8～9天;31℃下 7～8 天。螟黄赤眼蜂和松毛虫赤眼蜂以蓖麻蚕卵为寄主,在 25℃下完成 1 世代需要 10～12 天,其中卵、幼虫、预蛹和蛹所经历的时间分布是 1 天、2 天、3.5 天和 3 天。分布在新疆、内蒙古、东北、北京、山西和陕西的广赤眼蜂,在平均温度 28～29.5℃下世代历期 9 天。在 28.5～30.7℃下,历期是 8 天;30.7～31℃下仅 7 天。

生产上需要注意的是成虫的产卵历期。赤眼蜂在25～28℃下，产卵历期一般为4～5天，羽化后第1～2天是产卵高峰，分别占总产卵量的70%～80%和10%左右，第3～4天后产卵量显著较低仅1%～2%。温度降低后赤眼蜂的寿命和产卵历期延长，但大量产卵量仍集中在前两天的趋势不变。

赤眼蜂人工繁殖在室内适宜的环境下每年可完成50代。在自然条件下生活史和赤眼蜂种类、寄主昆虫、环境等因素有关。年发生10～30代，由南向北逐渐较少。

☞ 171. 哪些主要生态环境因子影响赤眼蜂？

环境条件对赤眼蜂生长发育影响甚大，生产上关系到释放的成败。影响赤眼蜂的主要环境因素有：

(1)营养

寄主卵即是赤眼蜂发育的营养条件也是个体发育的内在环境，对赤眼蜂的繁殖至关重要。不同的蜂所喜好的寄主卵不同。

(2)温湿度

温度影响赤眼蜂的发育速度，一定范围内发育速度随温度升高而增加。35℃以上温度生长明显受抑制或出现大量不产卵的雄蜂，显著影响寄生率。在低温下可使寿命延长或滞育。相对湿度对成虫的羽化、寄生和寿命、生殖力都有影响。如松毛虫赤眼蜂相对湿度在70%以下，寄生率下降，在50%时寄生率仅为30%～50%。

(3)农药

农药对赤眼蜂种群造成极大的影响，特别是有机磷农药，喷药后可使赤眼蜂羽化率显著下降、死亡率显著增加。因此在生产中释放赤眼蜂时要针对当地的主要害虫种类释放喜好寄生此类害虫的蜂种，同时还要考虑环境条件对其的影响，再者在释放其间尽量不要使用广谱的杀虫剂。

(4)光照

赤眼蜂在弱光下趋向光源，在强光下成虫活动加剧而寿命缩短迅速死亡。因此田间释放的赤眼蜂蜂卡要注意防晒、保湿、防雨和防天敌。

172. 赤眼蜂如何贮存？

生产中有时需要将大量的赤眼蜂暂时或长期保存，若贮存不当会造成大批蜂卵变质而丧失商品价值，直接影响到田间的防效。生产中可采用低温保存蜂卵来延长货架期。方法是将工厂化大量繁殖的赤眼蜂初龄幼虫(1 日龄)放在下列条件下贮存：温度 2～3℃，相对湿度 60%。但需注意的是在使用低温贮存的赤眼蜂之前必须先经过一个缓温阶段才能释放，否则会明显降低其羽化率。具体方法是：在 15℃下放置 5 天左右，使低温冷贮的幼虫能适应正常发育温度，以提高日后赤眼蜂的羽化率。若不经缓温锻炼，直接将低温贮存的卵卡在高温环境中使用，会显著降低赤眼蜂的羽化率。很短时间的保存，如在田间放蜂期间遇强风暴雨，需要把赤眼蜂卵卡放在冷凉通风遮黑处暂时保存，待雨过天晴后再放蜂。若因大雨不能放蜂而蜂又羽化出来，可将蜂卡放在地下室或土窖等阴凉处暂时存放，同时放置蜂的地方要挂蘸 20%蜜糖水的白纸喂养，并用黑布遮盖卵卡，雨后把纸条轻轻取出，挂到田间的放蜂点上。

173. 赤眼蜂防治玉米螟有何优点？

玉米螟是我国玉米生产中的重要害虫之一，常造成

10%～30%的减产。由于玉米螟属于钻蛀性害虫,常难于防治。多年来长期使用化学防治,导致环境污染和抗药性,此外化学防治还有功效低,费工费时、防治成本较高、劳动强度大等缺点,因此寻找更经济安全和有效的防治技术是当前我国农村玉米螟防治工作要点之一。使用赤眼蜂来防治玉米螟可节省大量的劳力,防治成本相对较低,一种非常好的无公害防治技术,具有显著的经济效益、生态效益、社会效益,值得大力推广。具体的优点有:

①防虫效果明显:长时间释放赤眼蜂可以使它在自然环境中建立一定的种群,达到长期自然控制害虫的效果。再者释放后使田间的赤眼蜂数量显著增加,增加了寄生害虫的比率,据曹锦丽等报道铁岭市西丰县连续 30 年使用松毛虫赤眼蜂防治玉米螟取得了显著效果。1997 年玉米螟大发生而该县百株幼虫仅为 5.6 头,是全市平均虫量(百株 194 头)的 1/35。

②增产增收:连年放蜂田玉米螟基数低,受害轻,玉米产量高。同时受害轻的玉米品质好,商品价值高。经济效益显著。

③放蜂技术简单易行,劳动强度小,就是中学生适当培训后就可工作,因此可节省大量的人工,从而降低防治成本。

④保护环境,放蜂防螟无残留,无污染,保护天敌。

⑤对防治的害虫不会产生抗性,长期有效,具有经常性持久性地控制害虫作用。

⑥在自然条件下,一旦建立种群就可长期自然控制害虫种群,符合害虫可持续治理的要求。

⑦符合绿色环保要求,符合农业可持续发展。适合当前生产无公害食品的要求,特别是符合生产经济价值较高

的鲜食玉米的要求。

174. 赤眼蜂的田间释放要注意哪些问题?

田间释放赤眼蜂是一项科学性很强的技术,释放时须根据赤眼蜂生物学特点、害虫发生情况和农田生态环境条件来确定释放时间、次数、释放量和释放地点,以获得理想的防治效果。总的原则要在害虫预测预报的基础上,在放蜂中做到“见卵开始、盛期加量,均匀布点,卵蜂相遇”。具体的注意事项有:

①确保蜂卡质量,所释放的赤眼蜂必须优质,蜂生命力较强。蜂卡寄生率要大于90%,单卵出蜂数为60~80头。

②运输蜂卡时最好要用冷藏车运输,避免赤眼蜂在释放前提前羽化。

③释放前要首先调查田间赤眼蜂的自然种群数量,若种群数量较大且控制效果较好,可适当延缓放蜂或少量放蜂。

④虫情测报准确:赤眼蜂喜欢找初产下来的新鲜卵寄生,因此防治时要搞好害虫虫情的预测预报,使释放赤眼蜂时间与害虫产卵盛期相吻合,即蜂-卵要相遇,使释放后的赤眼蜂和害虫卵期相遇几率达90%以上,否则防效会较差。

⑤放蜂量根据害虫卵量的动态及时增减放蜂量。田间调查到害虫卵后就可以开始放蜂,放蜂量可适当少一些,在害虫产卵盛期要适当加量释放,产卵末期可适当减量释放。再者还要根据田间不同地块的害虫产卵量多少来确定放蜂量,产卵多的地块可适当加量释放。另外,在释放前还需要正确估算每批赤眼蜂的雌蜂数量(只有雌蜂才寄生害虫,雄

蜂不寄生)预计实际的释放量。

⑥释放时注意田间环境,特别是注意气温、空气的相对湿度、降雨量和风力等因素。放蜂时选无雨无大风的晴天,有利于赤眼蜂的活动和飞翔,扩大寄生范围,提高害虫卵块和卵粒的寄生率。若放蜂时遇到小雨,根据天气预报情况和蜂卡内赤眼蜂的羽化情况必要时可冒小雨放蜂。

⑦雨季要抢晴放蜂,放蜂期间遇大雨可将卵卡暂时在阴暗低温的环境中保存,雨过天晴后再放,但要保证卵卡在1～2天内出蜂,与害虫产卵期相遇。

⑧要坚持连续连片大面积地放蜂,放蜂地点要远离化防地块,以发挥赤眼蜂的控制效果。

⑨对不同害虫根据其卵历期情况是否确定使用长效蜂卡。例如防治1代玉米螟可选择长效蜂卡,使一代玉米螟落卵30天内保持田间都有赤眼蜂,增加对玉米螟卵的寄生机会而提高防效。

⑩要及时放蜂,布点均匀:放蜂常在出蜂前1～2天及时进行,这样可避免雨天影响放蜂。赤眼蜂的活动和扩散能力受风的影响较大,因此在放蜂时既要布点均匀,又要在上风头适当增加放蜂点的放蜂量。至于赤眼蜂在田间释放点设置首先取决于赤眼蜂扩散能力,其次还要根据当时害虫卵的数量多少来确定。一般每667 m^2放蜂4～5个点。

⑪防治害虫时,最好大面积地连年放蜂,乡村要联合防治,做到集中连片大面积放蜂,这样明显提高防效。联合放蜂的面积越大,防治效果越好;连续放蜂年头越长,效果越好。

⑫放蜂的方法要正确:放蜂前要将大片蜂卡撕成50～60粒的小块,注意尽量不要弄掉卵卡上的卵粒。小块的蜂卵卡用大头针、图钉或者牙签钉牢在植物体上背阴部位避

免阳光直射和雨淋。如枝条、树干或叶片背面处，卵粒朝外。放蜂时要注意不要将蜂卡用叶片卷放，也不要夹在叶鞘处或扔在叶心里以避免蜂卡发霉影响效果。

⑬赤眼蜂的工厂化生产是用活体繁殖，生产一定数量的赤眼蜂需要一个培育过程，因此在放蜂前3个月要根据当地害虫发生的情况确定放蜂的面积，计算放蜂量，提前向生产厂家预定蜂卡，并说明放蜂时间，以争取工作上的主动。

⑭放蜂期间，尽量不要使用广谱性的杀虫剂，以防止杀灭赤眼蜂，若害虫种群数量过高可使用一些高效对赤眼蜂低毒的专一性的药剂。

⑮田间挂卡时，注意植物的用途而采取不同的挂卡方法。例如在玉米秸秆作饲料的田块中尽量不要用铁质物品固定蜂卡，以防这些植物做饲料时铁质固定物进入家畜肠道对家畜不利。固定卵卡可以用玉米或高粱秸秆劈成细条来固定蜂卡，也可用特制的塑料盒做成放蜂器挂在植株上。

175. 如何释放赤眼蜂防治玉米螟？

赤眼蜂防螟技术性强，要求高，防治田间玉米螟需要确定其释放时期、放蜂量、释放次数。在生产中可按照下列步骤实施。

(1)放蜂时间

放蜂时间必须与玉米螟产卵时间相吻合，否则不会有很高的防效。调查秸秆或穗轴内的越冬代玉米螟老熟幼虫化蛹和羽化进度，找到越冬代幼虫化蛹率达到20%的日期，向后推9～11天即为玉米螟第一代卵的初期，再结合田间第一代玉米螟落卵数量调查，当百株累计卵达1～3块时，此时进行第一次放蜂（或在放蜂后 8 天，若在玉米田找到螟卵块就可立即放成蜂）。然后再推后 5 天，根据田间卵块突然增多，开始进入产卵初盛期时进行第二次放蜂，这样就能使蜂卵相遇可控制玉米田第一代全期的螟卵。在放蜂期间连续降雨可在雨后马上放蜂。如果放蜂期连续干旱，空气湿度低于 40%，田间玉米螟产卵则极少，赤眼蜂的死亡率较高，可推迟到降雨后马上放蜂。

(2)放蜂的方法

将撕碎的小块卵卡用牙签别牢在玉米中上部叶片背面，卵粒朝外。每 667 m^2 设置 4～5 个放蜂点。

(3)释放次数

防治玉米螟一般每 667 m^2 放 1.5 万～2.5 万头，分 2 次释放。在玉米大喇叭口期第一次放 0.7 万～0.8 万头。隔 5～7天后在玉米螟卵发生的盛前期再放第二次，释放数量为 0.7 万头。一般防效为 60%～70%。

176. 如何用赤眼蜂防治果园、农田、菜园和森林中的重要鳞翅目害虫？

用赤眼蜂防治各类害虫一般都要在目标害虫田间产卵时第一次放蜂，随后 5 天左右再释放一次。释放的赤眼蜂可以是成蜂，即释放羽化后的成虫，但生产中为操作方便，通常挂卵卡（卵卡上卵内的赤眼蜂即将羽化）。

(1)苹果园中防治苹果小卷叶蛾

可释放松毛虫赤眼蜂。在害虫产卵初期释放第 1 次，共需放蜂 5 次，每次间隔 5～7 天，每次每 667 m^2 释放 1.5 万～4 万头。放蜂前根据果树株行距大小，可隔行、隔株设置放蜂点。放蜂点的确定应使赤眼蜂在其防治区域内均匀分布，一般每 667 m^2 20～30 个。将大片蜂卡按设置点数剪成小块蜂卡，把小块蜂卡固定在果树内膛叶片背面即可。

(2)菜田防治甘蓝夜蛾

可释放广赤眼蜂、松毛虫赤眼蜂、拟澳洲赤眼蜂和螟黄赤眼蜂。在田间出现蛾卵初期第一次放蜂，每 667 m^2 释放 0.7 万头；在田间蛾卵初盛期第二次放蜂，每 667 m^2 放蜂 0.8 万头。

(3)菜园防治菜青虫

可释放广赤眼蜂。在释放赤眼蜂的同时，田间设置赤眼蜂保护增殖器，不断发挥赤眼蜂的杀卵作用。虫量过多时可用 Bt 等生物农药除治残虫。

(4)防治松毛虫

可用松毛虫赤眼蜂。在松毛虫产卵始盛期，选择晴天无风的天气分阶段林间施放，每 667 m^2 3 万～10 万头。亦可使赤眼蜂同时携带病毒，提高防效。

(5)防治棉田中的棉铃虫

可用松毛虫赤眼蜂，从棉铃虫产卵初盛期开始到产卵盛期，每隔 3～5 天，连续释放 2～3 次。每次每 667 m^2 放蜂 1.5 万～2 万头。

(6)防治大豆食心虫

可释放欧洲赤眼蜂，在大豆食心虫产卵初期，每 667 m^2 设置放蜂点 10 个，用挂卵卡放蜂，共放 3 次，3 次放蜂的比例是 1∶2∶1，每 667 m^2 共放蜂 3 万头，寄生率可达 46％。

(7)防治稻苞虫类

可释放拟欧洲赤眼蜂。从成虫产卵始盛期起，当每 100 丛稻有虫卵 5～10 粒以上的稻田，每隔 3～4 天放蜂，每次释放 1 万～2 万头，连续 3～4 次。可兼治稻纵卷叶螟。

(8)防治稻纵卷叶螟

可用拟澳洲赤眼蜂、松毛虫赤眼蜂或稻螟赤眼蜂。于稻纵卷叶螟产卵始盛期到盛期分期分批释放。每隔 3 天放 1 次，每次每 667 m^2 释放 2 万～3 万头，连续 3 次。

☞ 177. 如何识别蚜茧蜂？

蚜茧蜂属于膜翅目蚜茧蜂科。成虫体微小，体长 2～3 mm。体色多变，多为黄色或黄褐色。前翅端半部翅脉常退化，仅 1 条回脉（称中间脉），有径室 1～3 个；后翅仅 1 个基室。腹部具柄，着生在并胸腹节下方、后足基节之间。第三腹节以后的背板可自由活动。唇基端缘凸突，不和上颚形成圆形口腔。幼虫乳白色，蛆形，有 4 龄。1 龄幼虫头部大，具 1 对明显的上颚，尾突明显的细长，体表具刺毛；2 龄幼虫尾突短，体毛稀短；3 龄幼虫尾突消失；4 龄幼虫肥短。

☞ 178. 蚜茧蜂主要种类有多少？

对沈阳等地初步调查发现有 20 种蚜茧蜂。我国蚜茧蜂主要种类有棉蚜茧蜂、高粱蚜茧蜂、烟蚜茧蜂、燕麦蚜茧蜂、无网长管蚜茧蜂、印度三叉蚜茧蜂、伏蚜茧蜂、菜少脉蚜茧蜂等。其中烟蚜茧蜂、燕麦蚜茧蜂和菜少脉蚜茧蜂分布我国许多地区。

☞ 179. 蚜茧蜂的寄主范围如何？

蚜茧蜂具有较明显的寄主专化性，其寄主是各种蚜虫。烟蚜茧蜂寄主主要有烟蚜（也叫桃蚜）、萝卜蚜、麦长管蚜、棉蚜、大豆蚜。不同的蚜茧蜂对不同寄主蚜虫有一定选择性。和黍缢管蚜相比烟蚜茧蜂对麦长管蚜有较强的选择性,而对黍缢管蚜则有明显负喜好性。燕麦蚜茧蜂的寄主有麦长管蚜、麦无网长管蚜、麦二叉蚜、禾缢管蚜等。菜少脉蚜茧蜂寄生甘蓝蚜、麦二叉蚜、桃蚜和萝卜蚜。

180. 蚜茧蜂杀虫的机理是什么?

蚜茧蜂是一种卵寄生蜂,在产卵期,雄雌交配后雌蜂产卵。产卵时雌蜂用产卵器将蚜虫腹部背面刺破将卵产入蚜虫体内,这样蚜茧蜂的卵就在寄主幼虫体内寄生下来。这些寄生的蚜茧蜂卵在蚜虫体内孵化成幼虫,幼虫可刺激蚜虫使蚜虫进食增加体重加大,身体恶性膨胀,最后变成一个谷粒状黄褐色或红褐色僵死不动的僵蚜。此外,某些蚜茧蜂幼虫在寄主蚜虫体内可分泌浓度较高的昆虫激素,这些激素可影响蚜虫正常发育,并使蚜虫变态异常,或提前死亡或保持在低龄阶段总也长不大最终死亡。一只雌蚜茧蜂一生可产卵几百粒,有人戏称蚜茧蜂的每粒卵是射向寄主蚜虫的生物"导弹"或"子弹",而且几乎"百发百中,弹无虚发"。

181. 生态环境中哪些因素可影响蚜茧蜂?

蚜茧蜂是蚜虫的专性体内寄生蜂,除蚜外茧蜂属老熟幼虫在寄主体外结茧化蛹外,其余种类自卵至成虫羽化前均在寄主体内度过。因此蚜茧蜂的生长发育跟寄主有很大的关系。外界的环境条件中,影响最大的是温度,发育历期受温度影响较大。烟蚜茧蜂在15～25℃范围内,随着温度的升高烟蚜茧蜂的发育历期缩短,在此温度范围内,完成一个世代需9.3～18.5天。低于10℃或高于32℃,一般不能完成生长发育。僵蚜在2～3℃的冰箱中保存半年，孵化率仍然可达30%，因此若短期贮存蚜茧蜂可在2～5℃的冰箱中存放。烟蚜茧蜂在不同的地区发生的代数不同，总的趋势是由南向北减少，在福建室内20余代；河北保定温室20余代；北京17～19代、沈阳11～12代。此外，不同的农药影响也不同，如80%DDV在1 000倍时可使烟蚜茧蜂不能羽化。5%的来福灵对烟蚜茧蜂成虫影响相对较少，因此在释放蚜茧蜂时尽量不要使用杀虫剂。

☞ 182. 如何释放蚜茧蜂防治蚜虫？

释放蚜茧蜂防治蚜虫常采用小量多次连续释放的方法最好。放蜂时间应该确定在大田内蚜虫处于点片发生的日期；温室大棚内也应在蚜虫初见时释放，这样才能收到显著防治效果。切忌蚜虫已大量发生时才放蜂，此时就是大量放蜂，由于蚜虫种群密度大，不易控制，而此时为了迅速降低蚜虫的危害常常使用化学防治，而化学防治也会对此时释放的蚜茧蜂产生一定的影响降低其防效。放蜂量要根据田间蚜虫虫口密度而定。如烟蚜茧蜂，释放的蚜茧蜂跟田间的蚜虫比例应该掌握在1∶(160～200)为宜。释放前4～5天将僵蚜从低温冷藏冰箱中取出，放在室温20℃、相对湿度为70%～85%的环境中使蚜茧蜂继续完成蛹期发育。若释放含有老熟蚜茧蜂蚜虫的僵蚜，应在羽化前一天移置田间放蜂容器中(可以是特制的塑料盒，可回收重复利用)，让其成蜂羽化时飞出寻找蚜虫寄生。每批蜂在释放前7天应检查蚜茧蜂，若为加快羽化可置于温度25℃下提早2～3天羽化，检查时要统计羽化率、性比等，以便计算将来田间僵蚜的释放量。若释放成蜂，可将僵蚜放在羽化箱中

(可用纸盒做,只要密闭透气、保温保湿即可),将羽化成蜂收集于玻璃管中,给予补充营养后(2%~3%的白糖水或蜂蜜水),然后拿到田间释放。若田间蚜虫虫口密度高,隔4~5天再放蜂一次。

田间放蜂后防效的检查:在放蜂后5天(夏季)或7天(春、秋季),田间调查到含有蚜茧蜂蚜虫的僵蚜时,即可检查第一次蚜茧蜂的寄生率及蚜虫虫口减退率。隔5~7天再作第二次检查,并与对照区施药区作对比,鉴定释放效果。

若在放蜂时,田间中的蚜虫虫口密度已经很大,应先喷一次高效低毒的内吸性农药例如吡虫啉暂时降低虫口密度,隔1周后再释放蚜茧蜂,以便收到较长期控制蚜害的效果。

用烟蚜茧蜂防治桃蚜、棉蚜:防治大棚甜椒或黄瓜,初见蚜虫时开始放僵蚜,每4天1次,共放7次,每 平方米大棚面积释放僵蚜12头。放蜂1.5月内甜椒有蚜率控制在3%~15%,有效控制期近2个月,黄瓜有蚜率在4%以下,有效控制期42天。

☞ 183. 如何识别丽蚜小蜂?

丽蚜小蜂属于膜翅目蚜小蜂科。体微小,体扁平,中胸三角片前伸突出,明显超过翅基连线。前翅缘脉长,亚缘脉和翅痣脉短,后缘脉不发达。中足胫节端距长,但不粗壮,跗节4~5节。雌虫体长约0.6 mm,宽0.3 mm。头部深褐色,胸部黑色,腹部黄色,并有光泽。触角8节,长0.5 mm,淡褐色,末节呈桨状。翅无色透明,翅展1.5 mm。足为棕黄色。腹末端有延伸较长的产卵器。雄蜂较少见,其腹部为棕色,体色比雌虫略深,触角为膝状。

184. 影响丽蚜小蜂的因素有哪些?

①环境温度:对丽蚜小蜂的发育历期、寿命影响很大,温度升高,发育历期缩短。在17～32℃的温度下,卵到成虫的发育历期由39.2天减少到12.8天,在温室中通常可存活10～15天。高温对蚜小蜂存活有抑制作用。

②成虫寿命跟取食寄主蜜露有关:取食蜜露成虫可存活28天。若不取食只能存活1周左右。

③成虫可取食粉虱若虫体液,被取食的粉虱若虫慢慢死亡,单蜂约取食20头若虫。成蜂可寄生1～4龄若虫,但喜好寄生3龄若虫,其次为2龄若虫,1龄和4龄若虫不利于蚜小蜂产卵。成虫产卵前期在1天之内,第3天达到产卵高峰,单雌产卵约40粒。卵在被寄生的粉虱体内孵化,幼虫也可取食粉虱的体液,约8天后变黑,再经过10天成蜂在粉虱蛹体背咬个洞羽化而出。

④丽蚜小蜂和粉虱之间的关系也主要取决于温室内的温度。在18℃下,两者发育历期相等,但粉虱繁殖率比丽蚜小蜂高9倍;在26℃下,两者的繁殖率相等,但丽蚜小蜂发育速率比粉虱的快1倍,即发育历期是粉虱的1/2。

⑤光照的强度和光照时数影响寄生蜂的产卵活动,暗环境下产卵量下降。

⑥湿度对丽蚜小蜂寿命影响不显著,但对产卵量、成蜂刺吸粉虱量、羽化率和发育历期有影响。成蜂刺吸粉虱量随湿度升高而降低。相对湿度在30%以下,产卵量下降,发育历期最长。

总之,在我国北方温室内,白天温度20～35℃,夜间不低于15℃,相对湿度为40%～85%,光照时数和强度为自然光照，均可使丽蚜小蜂寄生粉虱有明显的效果。

185. 如何使用丽蚜小蜂来防治温室白粉虱？

丽蚜小蜂对寄主选择专一，主要寄生粉虱。利用丽蚜小蜂防治粉虱是否成功与释放技术有很大关系。通常有2种释放技术：释放黑蛹和释放丽蚜小蜂成虫。释放黑蛹通常是温湿度控制条件较好的温室内使用。释放成蜂则是在温湿度变化较大的温室内使用，主要是为了成蜂的羽化期和寄主的龄期相吻合，提高防效。

(1)确定释放时间

首先调查释放前的虫口基数，即植株上粉虱成虫数量，调查方法可随机取样50～100株植物，当每株植物上粉虱成虫达0.5～2头时，即可开始放蜂。放蜂量根据粉虱量确定，一般当株粉虱成虫不足1头，每667 m^2放蜂0.1万～0.3万头；当株粉虱成虫在1～2头和3～5头，每667 m^2分别放蜂0.5万和1万头；当株在5万头以上，可先用药剂压低粉虱种群后放蜂。

(2)黑蛹释放技术

将存放于低温条件下的黑蛹或带有黑蛹的叶片取出，随机放在植株上，每株植物平均放5头黑蛹，隔7～10天释放1次，连续释放3～4次，平均每株上释放15头黑蛹，每667 m^2释放0.5万～3万头。释放黑蛹的时间应比释放成蜂的时间提早2～3天。

(3)释放成蜂

在放蜂前1天将存放在低温箱内的黑蛹取出，在27℃恒温室内促使丽蚜小蜂快速羽化。第二天计数后，将小蜂轻轻抖到植株上。隔7～10天释放1次，连续释放2～3

次，每次每株释放5头。3次放蜂平均每株共放15头。小蜂与粉虱在低数量水平上保持数量平衡后，可以停止放蜂。注意大棚保温，夜间温度最好保持在15℃以上。

(4)商品化丽蚜小蜂产品是各种形状的蛹卡，使用时就将蛹卡挂在植物上即可

预防性释放平均每667 m^2释放300～700个蛹。当每株白粉虱成虫0.5～1头时，每667 m^2释放5 000个蛹。当每株有白粉虱1～5头时，每667 m^2释放10 000个蛹，连续释放2次，每次5 000个蛹。放蜂后注意尽量不要使用农药。

☞ 186.常用的可大面积防治害虫的瓢虫种类有多少?

瓢虫是捕食性天敌，以成虫和幼虫捕食蚜虫、叶螨、白粉虱、玉米螟、棉铃虫等幼虫和卵。农田中可见食蚜瓢虫种类较多，主要有5种：七星瓢虫、多异瓢虫、异色瓢虫、龟纹瓢虫和二星瓢虫等。瓢虫一生经历卵、幼虫、蛹和成虫4个虫态时期。我国利用面积最大种类是欧洲瓢虫、孟氏隐唇瓢虫、七星瓢虫、龟纹瓢虫、异色瓢虫、多异瓢虫、黑襟瓢虫、大红瓢虫、深点食螨瓢虫和腹管食螨瓢虫等一些种类。其中欧洲瓢虫和孟氏隐唇瓢虫是国外引进主要用来防治吹棉蚧和柑橘粉蚧。

☞ 187.如何识别常见瓢虫的成虫?

(1)七星瓢虫

体长约6.0 mm，宽4.6 mm。卵圆形、半球形拱起。背面光滑无毛。头黑色，额和复眼相连的边沿各有1圆形淡黄斑。复眼椭圆形，黑色。前胸背板黑色。前翅红色或橙黄色，上有 7 个小黑斑（因此称为七星），其中位于小盾片下方的黑斑被鞘缝分开左右各半。腹黑色，足全黑色。

(2)多异瓢虫

体长约 4.3 mm，宽 2.8 mm。体长卵形，扁平拱起。背面无毛。头前部黄白色，后部黑色。复眼较小，近圆形，黑色，触角 11 节黄褐色。前胸背板明显拱起，前缘较深凹入。前胸背板斑纹变异较大，常为黄白色，基部黑色横带向前分 4 叉，有时 4 叉左右分别在前部汇合，构成 2 近方形的中空斑。小盾片三角形，黑色。鞘翅长形，黄褐色到红褐色，前缘近直形。鞘翅上有 13 黑斑。斑纹变化大，有时消失，有时连成片。腹黑色，足黑色但端部褐色。

(3)龟纹瓢虫

体长圆形，弧形拱起。表面光滑无毛。头多黑色，复眼较大，黑色。触角 11 节，黄褐色，末端圆形。前胸背板黄色，中央有黑色大斑，基部与后缘相连，有时黑斑几乎占全部背板。鞘翅黄色，带有黑斑纹。鞘缝黑色，中央黑纵纹具有方形、梭形和齿形外伸部分。鞘翅肩部有斜长斑。鞘翅斑纹变化大，有的鞘缝纵条纹外突部分消失，只留中央黑色纵纹。

(4)异色瓢虫

体长约 6.5 mm，宽 4.2 mm。体卵圆形，半球形拱起，背面光滑无毛。背面色泽斑纹变异很大，已知有百多种。鞘翅的 7/8 处和端末前均有 1 个横向突起，称为横脊。按鞘翅底色把异色瓢虫的色斑型分为 2 大类：鞘翅底色为黑色的为黑色型和鞘翅底色为黄色的黄色型，即深色型和浅色型。①深色型基色为黑色。前胸背板基部扩大成黑色近梯形大斑，两肩角部分为浅色大斑。小盾片与鞘翅均为黑色，鞘翅具浅色大斑。②浅色型基色为橙黄至橘黄色，前胸背板在中线两侧有2对黑斑。

(5)二星瓢虫

体长约5.0 mm，宽3.6 mm。体长卵形，呈半圆形拱起，脊面光滑无毛。头黑色，紧靠复眼内侧各有个近半圆形的黄白色斑，复眼近椭圆形，黑色。触角粗壮11节，黄褐色。前胸背板黄白色，小盾片较小，正三角形，黑色。鞘翅略呈长形，中部较宽，橘黄至黄褐色，中央有2横长黑斑，分别位于鞘翅的中央。鞘翅上斑色变化多端(约100种)。腹板几乎全为黑色，仅外缘为黑褐色。足黑色。

188. 田间常见瓢虫的生活史和习性如何?

(1)七星瓢虫

在黄河流域年发生4～5代。以成虫在土块下、植物根际土缝中越冬。越冬成虫常于翌年早春活动，并在土缝隙中和枯枝落叶上产卵。随气温上升卵多产在小麦叶背面和麦穗上。越冬代成虫繁殖数量受麦田麦蚜量的制约。5月份是第1代幼虫盛期。5月下旬至6月初新羽化的成虫常离开麦田向有蚜虫的榆树、桃树等植物迁移。6月下旬数量明显减少，主要是由于滞育个体增加、迁飞、上山和被寄生量增加，因此在华中、华北等地的农田中7～8月份不易找到七星瓢虫。9月份在菜地开始出现，10～11月份华北菜田又出现大量成虫。11月中下旬随气温降低陆续入土越冬。成虫具假死性，羽化后2～7天开始交配，交配后2～5天产卵。产卵期平均为18天。每头雌虫均产500多粒卵，产卵期可达3个月。成虫寿命长短变化很大，平均77天。在气温降到5℃时就蛰伏不动；一旦气温回升到

10℃以上时便开始活动。七星瓢虫的取食量和气温及猎物密度有关。七星瓢虫无群集越冬现象。越冬成虫在农田土块下滞育越冬，较耐寒，即使在-10℃下死亡也较少。越冬代成虫存活率较高，数量大，翌年早春发生早，因此七星瓢虫可作为前期天敌优势种群，并可人工大量繁殖，这是七星瓢虫可利用的优点之一。

(2)异色瓢虫

河南、陕西年发生5代，东北2～3代。最后一代成虫在10月下旬至11月上旬随气温下降飞到背风向阳、岩石缝隙多露面大的山坡杂草根际，在气温为8～10℃时便飞进岩洞、石缝内甚至建筑物屋檐缝中群集越冬。越冬成虫常在3～4月份陆续出洞飞离。早春当气温回升到8～10℃时野外察看背风向阳处有无瓢虫活动便可找到其越冬场所并收集这些瓢虫。越冬代成虫出洞后，在蚕豆、油菜等有蚜虫的植物上活动产卵。第一代成虫羽化后陆续向棉田、菜地迁移。5～6月间繁殖量大对控制瓜蚜有一定的作用。6月以后种群随气温升高而显著下降。成虫羽化后5天左右开始交配，一生需要交配多次才能提高孵化率。每雌产卵10～20块300～500粒。成虫寿命因温度而异，气温越高寿命越短，常为30～38天。成虫和幼虫食量都很大，一头四龄幼虫日食蚜虫100～200头。

(3)龟纹瓢虫

北方年发生4～5代。以成虫群集在农田避风向阳的山坡、草丛中、树皮裂缝和土坑、石块缝穴内越冬。越冬代成虫4月间产卵，春季凡有蚜虫的蔬菜、杂草、作物、树木上都是其活动和产卵的场所。5月上旬迁入菜田继续繁殖。5～6月间，卵期常为3～4天，幼虫和蛹期都是6～7天；完成1代需15～17天。在7～8月间，卵期常为2～3天，幼虫蛹期都是5～6天，完成1代需12～14天。11月份随气温下降从菜地迁移到避风向阳场所，并在杂草上捕食蚜虫。11月下旬当气温在8～10℃时开始越冬。龟纹瓢虫对环境适应性较强，有耐高温能力，繁殖率高。一年常发生3个高峰，即5月、6月和7月中下旬，其中以7月中下旬发生数量最大，这正好补充此时七星瓢虫田间发生数量的不足。

189. 如何贮存瓢虫越冬？

把释放的瓢虫在越冬前收集后可以保存供来年释放。越冬存放一般在11月份开始。存放工具可就地取材，如木箱、纸盒、土窖、瓦罐等。存放的关键是掌握好温度和湿度。存放方法有如下2种：

(1)室外存放

选择地势高不易集水的地方挖深和底宽都是0.5 m、口径为16 cm的土窖。将窖底层7～10 cm的土层刨虚并整平，在虚土上放置核桃大到拳头大小的土块，每窖可放瓢虫500～1 000头。2～3天后瓢虫可自行入土越冬。前后要注意窖温度变化，当日均温低于0℃时在土块上盖上7～10 cm厚的干草，窖口加盖即可使瓢虫安全越冬。

(2)室内越冬

用木笼或纸盒内放干草，放入瓢虫，存放于室内。注意室内不能生火加温，也不能有暖气，让瓢虫自然越冬。无论室外还是室内，在越冬期每1～2个月检查1次观察瓢虫生活状态和死亡率，对其贮存条件作必要改善。来年2月份气温回升当日平均温度达到5℃时应取出干草。气温回升一旦瓢虫开始活动时即要根据天气情况释放。

瓢虫非越冬期的可存放于小型瓦罐式地窖(形同越冬

窖，地面不需刨虚）。注意窖内保湿降温，窖上加盖使窖内黑暗以减少瓢虫活动和能量消耗。每窖可放 1 000 头贮藏半个月。

190. 田间如何释放瓢虫防治害虫？

七星瓢虫在大田和保护地均可使用。释放瓢虫防治害虫需要注意释放时间、释放量、释放虫态、释放时间和释放技术的确定。

(1)释放时间

在农田释放瓢虫最好在日落后或日出前释放。如果放虫时间太早阳光照射会导致成虫大量迁移，再者气温高也会使幼虫死亡率升高。

(2)释放量与释放时期

释放瓢虫量可因蔬菜品种不同而异。大白菜可比黄瓜释放少些；菜上蚜虫量大时要多放一些。瓢虫释放时期最好掌握在蚜虫发生初期量少的点片阶段。以瓢治蚜关键抓早，当蚜虫在植物上刚发生时就应及时释放一定量的瓢虫让其捕食。释放时的瓢蚜比控制在 1∶(50～100)。在蚜发生初期每 667 m^2 放 0.1 万～0.2 万头。虫态单一应加大释放量。

(3)释放虫态

商品化的七星瓢虫剂型用成虫、蛹筒、幼虫筒和卵液。较方便的释放虫期通常是成虫和蛹，在适宜气候条件下也可释放幼虫，在温室和大棚等保护地也可释放卵液。但释放成虫因其迁移性大效果不稳定。而释放 4 龄幼虫虽然食量大但将近化蛹期，因此生产上应以 2～3 龄幼虫作主要释放虫态，同时成虫也应该占一定比例，这样防效持续时间长效果好。

(4)释放方法

释放瓢虫成虫顺垄撒于菜株上，每隔 2～3 行放虫一行，尽量释放均匀，每 667 m^2 释放量为 200～250 头；释放蛹一般在蚜虫高峰期前 3～5 天释放，将七星瓢虫化蛹纸筒或刨花挂在田间植物中上部即可；当气温在 20～27℃夜温 10℃以上时可释放幼虫，方法同释放蛹。也可在田间适量喷洒 1%～5%蔗糖水或将蘸有蔗糖水的棉球同幼虫一起放于田间，供给营养以提高其成活和捕食力；释放卵，在环境比较稳定的田块或保护地，气温在 20℃以上可释放卵。释放时将卵块用温开水浸泡使卵散于水中，然后补充适量不低于 20℃的温水，再用喷壶或摘下喷头的喷雾器将卵液喷到植株中上部叶片上。

191. 田间释放瓢虫应注意什么？

①由于实际工作中释放瓢虫量很难精确。因此需在释放后 2 天检查防效，若瓢蚜比在可控制范围内，蚜虫量没有继续上升，表明瓢虫已发挥控制作用，暂时不必补放。若瓢蚜比过低时，应酌情补放。

②早期释放瓢虫，应偏大量释放，按照实有株数计算释放量，以便及时控制瓜蚜数量上升。

③早中耕既可提高地温又可促苗，还可破坏田间的蚂蚁窝减少瓢虫损失。

④菜田释放瓢虫后，其天敌较多特别是麻雀会使效果很差。为提高以瓢治蚜效果释放瓢虫后最好专人管理。

⑤在购入各虫态的七星瓢虫后应及时释放到田间。

⑥释放时注意靠近村的地块释放后瓢虫易受麻雀和鸡

等动物捕食可适当增加释放量。

⑦释放成虫一般应选在日落后进行，利用当时气温低和光线暗的条件，使释放的成虫不易迁飞。

⑧为提高防效，释放成虫、幼虫前先饥饿1～2天，或冷水浸渍处理成虫降低其迁飞能力，提高捕食率。

⑨释放成虫2天内，释放幼虫蛹和喷卵液后10天内，不宜灌水、耕作活动，以防成虫迁飞、保证若虫生长和捕食、卵孵化，以提高防效。

⑩释放瓢虫期间，尽量不要使用化学药剂以免杀伤瓢虫。

192. 如何充分利用瓢虫防治害虫?

用瓢虫防治害虫要把充分利用自然环境中的瓢虫与人工释放瓢虫结合起来发挥瓢虫的防效。充分利用环境中的瓢虫需进行冬前捕捉，进行人工保护越冬，来年春季在田间繁殖和释放，在夏季进行人工助迁和释放。

(1)冬前捕捉和贮存

冬前捕捉要掌握好最佳时机，一般冬前捕捉瓢虫体质较好。若捕捉过迟体质较好的瓢虫已经入土越冬。采集的瓢虫可在室内外保存供来年释放。

(2)人工助迁

春季释放在麦田的瓢虫可在小麦收获前进行人工助迁到菜田和棉田以加大这些农田中瓢虫的种群数量。

具体步骤是：在4月中下旬第一代瓢虫羽化盛期开始捕捉瓢虫，这时瓢虫集中量多便于采集。为防止释放到农田的瓢虫迁飞，可剪除部分后翅（软的膜质翅，剪1/3即可），注意剪时不能剪去前翅（鞘翅）。或用针顶开鞘翅并划破后翅。

释放前先进行虫情调查，掌握每块菜地瓢虫和蚜虫发生情况和比例，依据害虫量确定释放瓢虫量。在菜田释放时可每隔 2～4 行顺垄撒于菜株上，每 1～1.60 m 为 1 点。也可以单个投放，把瓢虫较为均匀地撒在菜垛上。

在麦田瓢虫量大的盛期，可不需剪翅随捕随放。收集的瓢虫装入麻袋（内放置树枝、草秆等）或将装有瓢虫的麻袋冷水短时猛浸，乘瓢虫翅膀湿而不能飞时放入菜田，或将瓢虫存放在地窖饥饿 1～2 天后于日落或日出前放入菜田。

193. 草蛉的寄主及其常见的种类主要有哪些？

草蛉属于脉翅目草蛉科，成虫和幼虫属捕食性，主要捕食蝽类、蚜虫类、螨类、介壳虫、粉虱等微小昆虫，如盲蝽、粉虱类、红蜘蛛类、麦蚜类、棉蚜、菜蚜、烟蚜、豆蚜、桃蚜、苹果蚜类、红花蚜等害虫。另外还喜吃多种鳞翅目害虫的卵和幼虫，如棉铃虫、地老虎、甘蓝夜蛾、银纹夜蛾、麦蛾和小造桥虫等。

在我国农林常见种类有：大草蛉、丽草蛉、叶色草蛉、多斑草蛉、牯蛉草蛉、黄褐草蛉、晋草蛉；白线草蛉、中华草蛉（中华通草蛉）普通草蛉、亚非草蛉、八斑绢草蛉和红肩尾草蛉。草蛉种类黄河流域明显多于长江流域和南方各省。

每蛉种在不同地区蛉种组成中所占比重不同。北方分布较多的有大草蛉、丽草蛉、叶色草蛉和中华草蛉。如在东北以叶色草蛉和中华通草蛉为优势种。在黄河流域各省以叶色草蛉、丽草蛉和中华通草蛉为优势种。长江流域以中华通草蛉和大草蛉为优势种，在湖北和湖南晋草蛉为常见种。南方分布较广的有大草蛉、亚非草蛉、八斑草蛉和红肩尾草蛉。

194. 如何识别常见的草蛉?

草蛉体多绿色,咀嚼式口器,头下口式,很活动。触角长而显著,丝状、念珠状、栉齿状或棒状。翅膜质,2对,前后翅大小和形状相似。翅脉常密而多,网状,有的在翅边缘脉多分叉。幼虫一般为纺锤形,两端尖细,体黄褐色、灰褐色和红褐色等。口器发达,捕吸式口器,体扁平,有3对发达胸足,胸部和腹部1~8节的两侧常有1毛瘤,其上着生一丛刚毛。幼虫行动敏捷。多数种类体裸露,部分蛉种背有负物,如亚非草蛉的幼虫在取食后常把吃剩下的蚜虫尸体背在背上。

(1)大草蛉

体较大,体长13~15mm,前后翅分别长17~18 mm和15~16 mm。体黄绿色,头部有黑斑2~7个,常为4个斑或5斑,多的有7黑斑。触角下面的一对斑大而显著,呈矩形或近圆形;触角中间的一个则较小,4斑者缺此中斑,七斑者则两颊还各有1黑斑。触角比前翅短,黄褐色,基部2节黄绿色。胸部背面有黄色中带,但腹面全绿。翅前缘横脉列多黑色,阶脉中央黑色而两端为绿色。

(2)黄褐草蛉

体和翅无绿色,触角第一节背面有大褐斑。污黄色有明显褐斑种类,翅脉污黄色,脉上有成段的褐色部分,形成深浅相间的杂纹,阶脉和前缘横脉列全部褐色。

(3)多斑草蛉

体黄绿色,头绿色,在触角间有X形大黑斑,颊和唇基各有1对大黑斑,在后头上还有一排4个黑点,胸部也有许多成对的黑点，胸部腹板有黑斑。翅宽大翅脉多黑色。

(4)牯岭草蛉

体黄绿色，头黄色，触角上方有Y形黑纹，下面和额唇基及两颊的黑斑相连。触角第一节内外两侧都有黑条，胸部和腹部深绿色。翅狭长，翅脉全绿色。

(5)丽草蛉

体长9～11 mm，前后翅分别长13～15 mm和11～13 mm。体绿色。头部有9个黑褐斑点，头顶1对，触角间1个，触角下1对，颊和唇基两侧各1对。触角较前翅为短，黄褐色，第1节绿色，第2节黑褐色。前翅前缘横脉列多黑色。足绿色，胫节及跗节黄褐包。翅端较圆，翅痣黄绿色。

(6)叶色草蛉

体长8～10 mm，翅展26～28 mm，前后翅分别长14～15 mm和11～12.5 mm。其他特征和丽草蛉相似，不同在：前翅前缘横脉列只有靠近亚前缘脉的一端为黑色，其余都是绿色。

(7)中华草蛉

体长9～10 mm，前后翅分别长13～14 mm和11～12 mm。体黄绿色。胸、腹的背面两侧淡绿色，中央有黄纵带。头淡黄色。触角比前翅短，灰黄色，基部2节与头同色。足黄绿色，跗节黄褐色。翅透明，较窄，端部尖，翅脉黄绿色，基部翅脉多黑色。越冬代虫体常变为黄色或黄灰色，并出现许多红色斑纹，枯枝烂叶下多见，翌春气温转暖后恢复成绿色。

(8)亚非草蛉

体长9～13 mm，前后翅分别长12～14 mm和11～12.5 mm。体黄绿色。头部的黑色颊斑与唇基斑上下相连。触角淡黄褐色，比前翅长。翅端较尖，翅痣黄色，翅脉全绿，脉上有黑色短毛。

(9)晋草蛉

体长 9～9.5 mm，前后翅分别长 11～13 mm 和 10～11 mm。体淡绿色，触角比前翅长。头部淡黄色，无黑色斑，额常带浅红色。胸部和腹部背面中央有一条蛋黄色纵带，腹面呈灰白色。足为淡黄绿色，足跗节为黄褐色。翅端尖，翅脉全绿，翅痣黄绿色。后翅狭长，有一个三角形翅室。

195. 草蛉生活史和习性如何？

草蛉年发生多代。同地区不同种类世代数不同；同种类在不同地区的世代数也不同，常随纬度增加而减少。草蛉中广布型和偏北方型常需越冬，而南方型某些种类一年四季均发生。不同的种类越冬场所不同，多数以老熟幼虫在枯枝落叶、粗皮裂缝和枯皱卷曲的叶片内结茧越冬，如大草蛉、丽草蛉、叶色草蛉和晋草蛉等；而叶色草蛉常在植物根处入土结茧；中华草蛉和普通草蛉以成虫越冬，躲藏在背风向阳的草丛、枯枝落叶堆、树皮缝或树洞内。在不同地区和在相同地区不同蛉种越冬历期不同，高纬度地区越冬较早，早春复苏较迟，越冬历期长。中华草蛉在 11 月下旬开始越冬，翌年 2～3 月间开始活动，4～5 月间在小麦、苜蓿、蚕豆、油菜、豌豆、果树、林木、花卉上捕食蚜虫、叶螨及鳞翅目害虫卵与初孵幼虫，但此期以大草蛉、叶色草蛉等种群数量发展较快，中华草蛉、丽草蛉稍慢一些。

草蛉一生经历卵、幼虫、蛹和成虫 4 个虫态，卵和蛹期的草蛉不能捕食，捕食主要是在幼虫和成虫期。成虫取食主要是为性成熟补充营养，食性随种类变化分两类：

(1)植食性

如中华草蛉、亚非草蛉，成虫取食花粉和蜜露，不再捕食害虫。

(2)肉食性

如大草蛉、丽草蛉,成虫捕食害虫。成虫多在傍晚羽化,翅展开后稍停即可飞翔和取食,主要在夜间活动,白天多栖息植株叶丛中。刚羽化的成虫需取食补充营养7～8天才能达到性成熟。羽化2～5天后开始交尾,交尾4～5天后产卵。产卵期很长,多为15～20天。喜欢在植株上部产卵,卵具弹性卵柄,作用是防止幼虫残杀。卵孵化期较短,约3天。成虫产卵量随不同种类和补充营养有关,产卵量常很高,如大草蛉和中华草蛉平均每雌产卵850粒和500多粒。产卵多在傍晚或前半夜。草蛉成虫还有取食卵粒的习性,人工饲养时需注意。

成虫具强趋光性。对光照长度影响成虫滞育,已产卵的成虫短光照下停止产卵,并滞育长达2个多月,但光照长度加长可立刻恢复产卵,长光照条件下成虫不滞育。体色可随季节发生变化,夏季体多嫩绿色,冬季越冬的成虫变黄色,当天气渐暖后体色又变成绿色。

幼虫活动能力强。捕食量较大是消灭害虫的主要虫态,但不同种类捕食不同害虫的量不同,捕食量随虫龄增加而上升,缺乏食料时可自相残杀和残食其他天敌卵和幼虫。老熟幼虫在刚结茧内静止不动为预蛹期,若茧内一端有黑色物即进入蛹期。

196. 如何贮存草蛉?

(1)贮存成虫

中华草蛉在3～5℃或9～11℃下冷藏20～30天,存活率都达90%,对其产卵量(均在300～500粒)和卵孵化率

(都大于 90%)无很大影响。

(2)卵的贮存

贮存温度应在 12～15℃,在小于 10℃贮存时孵化率较低。

(3)茧的贮存

低温对中华草蛉蛹的影响较大,在 11～12℃温度下贮存 20 天为宜。

197.如何使用草蛉防治害虫?

田间释放的商品草蛉剂型有成虫、幼虫和卵箔。释放方法如下:

(1)释放成虫

在大田释放后成虫会逃离大田,也会被鸟类等其他天敌取食,因此为减少损失常在保护地内使用。温室大棚内一般按益害比 1∶(15～20)释放或每植株上放 3～5 头,每隔 1 周释放 1 次,根据虫情连续释放 2～4 次。

(2)释放幼虫

单头释放是将刚孵化的幼虫用毛笔挑起放到有害虫的植株上;多头释放是把将要孵化的灰色卵用刀片切下与锯末和草蛉食物混合,混合比例是每 50～100 g 锯末混合 500～1 000 粒卵,同时按草蛉卵和食物 1∶(5～10)的比例加入草蛉食物如蚜虫或米蛾卵。然后把混合物放入玻璃瓶或塑料袋内,用纱布扎口,在 25℃下孵化。当 80%草蛉卵孵化后,即可就混合物撒到植株中上部。多头释放还可以用塑料袋内装 2/3 容量的细纸条,按比例加草蛉卵和食物,待草蛉孵化后取出纸条挂在植株上。

(3)释放卵

方法有2种:撒卵粒或投放卵箔。撒投卵粒时是将卵粒从产布处剪下,与无味、干净的锯末混合均匀后在田间隔一定距离投放一定数量卵粒。投放粘有卵粒的卵箔时,要将卵箔剪成小条,每卵箔条有10～20粒卵。到田间间隔一定距离用胶带固定在叶片背面。每667 m^2保护地是释放量是8万卵粒。

☞ 198. 释放草蛉防治害虫的注意事项有哪些?

①生产中除释放草蛉外还要注意充分保护利用自然草蛉种群。利用自然种群常需人工助迁。可用紫外灯诱集或捕虫网田间采集野生成虫,然后助迁于其他田块。草蛉释放主要在保护地的温室和大棚内进行。有条件的果园也可应用,但释放量应适当增加。

②释放不同的虫态具有不同的优点。释放成虫主要优点是释放到菜田后可立即捕食害虫见效快,但释放速度较慢。成虫释放后易逃逸,因此需剪翅处理,但剪翅草蛉成虫活动能力常常降低,且易被鸟类取食。因此靠近村庄的田块不宜释放成虫。

③投放草蛉卵箔时最好就固定在害虫多的叶面上,便于草蛉幼虫从卵中一孵出来即可接触到害虫。放卵的优点是简便,速度快,效率较高。缺点是卵易被蚂蚁等天敌取食。因此要尽量减少草蛉卵在田间停留时间,生产中主要放即将孵化的灰卵。灰卵投放半天后即可孵化,可减少天敌取食提高防效。

④单头投放草蛉幼虫投放慢效率低,要以多投放为主。

⑤释放时注意蛉种的选择:不同种草蛉幼虫捕食习性

不同，生产上要根防治对象选择不同草蛉种类。如中华草蛉取食范围广可用来防治多种害虫。晋草蛉喜食多种叶螨且单食叶螨对其发育无不良影响，因此可选用作治螨的蛉种。防治蚜虫则要选用大草蛉和丽草蛉，因为这两种草蛉的成虫和幼虫均能捕食蚜虫。

⑥优先考虑选用本地优势种：不同地区因不同环境因子的影响优势种不同，释放这些土生土长的优势种能最好地适应当地环境条件，发挥最大的防效。如新疆以普通草蛉为主而全地区则很少见；黄河流域以丽草蛉为多；在东北和西北以叶色草蛉为多。

⑦购入不同剂型的草蛉应及时释放，并尽量不要贮藏。

⑧释放时要注意均匀分布以保证防效。

⑨在释放草蛉的田块尽量不要使用杀虫剂以防杀死天敌昆虫。若在害虫种群密度较高时可选择对草蛉杀伤力小的农药如抗蚜威、灭幼脲1号、灭幼脲3号、抑太保和Bt乳剂等。

199. 如何识别智利小植绥螨?

该螨属于蛛形纲蜱螨目植绥螨科的捕食性天敌，又称智利螨、智利植绥螨。雌螨橙色，球形，背板小，常不足躯体的2/3，足与躯体相比较长，所以爬行较快，体色常因食物、温度等不同而深浅变化。雄螨与雌螨相似，略小，但因与雌螨若螨大小相似，肉眼不易鉴别。

200. 智利小植绥螨常见的寄主种类有哪些?

智利小植绥螨是专食叶螨的植绥螨，一生以叶螨为食料。常取食的叶螨有以下几种：二斑叶螨、朱砂叶螨、截形叶螨及棉叶螨等，尤其喜好二斑叶螨。可取食叶螨的各虫态如卵、幼螨、若螨、成螨。智利小植绥螨进入成螨至产卵盛期捕食量较大，日捕食最高 15 头二斑叶螨成螨，其后食量渐减，最后拒食而死。

201. 智利小植绥螨主要生物学特性是什么？

该螨一生要经过卵、幼螨、若螨（又分前和后若螨）和成螨 4 个时期。雌螨的产卵期、产卵量、寿命、捕食量、发育历期跟温湿度和食物种类有关。在恒温恒湿条件下，相对湿度＜50%或温度＞35℃严重影响智利小植绥螨的发育，卵和幼螨对低湿、高温尤为敏感。在日均温 25～28℃、相对湿度 80%～85%、以棉叶螨为食物，各虫态历期是：产卵前期、卵期、幼螨期和若螨期分别是 1.3 天、2.5 天、0.5 天和 2.4 天，世代历期 5.4 天。雌螨交配后 2 天就可产卵，日均产 1.5 粒卵，可持续 20 多天，每雌螨一生产 40 粒卵。卵散产于叶被主脉两侧。不同的农药对智利小植绥螨的影响不同。

202. 如何贮存智利小植绥螨？

贮存温度为 5℃时，贮存 15 天的卵可少量孵化，30 天后卵不能孵化。5℃下贮存 25 天存活率达 86%，贮存 50 天后存活率在 79%～86%。在 5～7℃的温度下冷藏 51 天卵死亡率为 5%，成、若螨死亡率为 76%。若螨比成螨在贮存条件下存活率更低，因此以成螨为最佳贮存虫态，最长贮期为 2 个月，贮存 1 个月的成螨生活力和捕食降低较少。

203. 如何使用智利小植绥螨？

智利小植绥螨是专性捕食螨，捕食量大、爬行快、抗逆性强，防治蔬菜、花卉、果树上的叶螨效果较好。螨的释放量要根据害螨密度、植物种类、叶片多少、植株大小等因素综合确定。生产上商品剂型为成虫，其使用方法如下：

(1)保护地使用

防治一串红、爬蔓绣球、马蹄莲、藿香蓟等花卉上的二斑叶螨时，按益害比为1∶(10～20)释放成虫2次，或在小苗上每株放1头，大苗上放5头，花盆每盆放50头。释放后若经几个月后害螨数量上升可再释放1次。防治莱豆、番木瓜皮氏叶螨和防治茶叶、茄子、菜豆、月季、仙人球、大丽菊、凤仙花上的害螨可参照上述方法。

(2)露地使用

防治露地草莓、茄子上的园神泽氏叶螨，在害螨发生初期，按1∶(10～20)释放成虫。

204. 用智利小植绥螨防治害螨的注意事项有哪些？

①释放时间应该在气候适宜且叶螨为害的始盛期为宜，此时有利于智利小植绥螨的定居和繁衍，可有效控制叶螨种群数量。

②释放量要根据温室内或田间害螨种群密度，决定合适益害比例。释放后每隔7～10天检查1次虫情，根据害螨的种群情况必要时补充放益螨1次。

③释放益螨的田块不宜施用化学杀虫剂和某些生物农药及杀菌剂农药，如三氯杀螨醇、氧化乐果、速灭杀丁、氯氰菊酯、溴氰菊酯和灭扫、Bt、甲基托布津和多菌灵等以防止杀伤天敌。

④释放3～4周后叶螨数显著下降，以后一直维持在大

约每叶 1 头以下。

⑤尽量在害螨的发生早期释放益螨，可减少释放量。

205. 如何识别食蚜瘿蚊？

食蚜瘿蚊属于双翅目瘿蚊科。成虫似蚊，体长约 2.3 mm，雌虫触角念珠状，雄虫的是环毛状。复眼发达或小，常左右愈合成 1 个，无单眼，喙短或长于前胸。翅宽，被微刺毛，翅脉 3～5 条，横脉不明显，只要 1 个翅室。足基节短，胫节无距，有中垫和爪垫。腹部 8 节，假产卵管收缩或外露。幼虫蛆状，纺锤形，共 13 节。全身橘红色或橘黄色，长 2.5 mm，宽 0.6 mm。

206. 食蚜瘿蚊主要生物学特点是什么？

食蚜瘿蚊在我国的晋、冀、鲁、豫、新、陕、宁、鄂、闽、黑等各省可自然分布。成虫在晚间集中羽化，当夜就可交配，次日傍晚开始产卵，交配后第 3～4 天为产卵高峰。成蚊具一定飞翔能力因此搜索幼虫的能力较强。雌蚊平均产卵 46 粒，寿命 4～9 天。幼虫平均可取食 49 头蚜虫，幼虫耐饥力强，取食 7 头蚜虫就可完成 1 个世代，食物缺乏时也可取食粉虱蛹和叶螨卵。温度和光照对幼虫影响较大，温度影响发育历期从卵发育到成虫，在 15℃下历期是 44.9 天；在 25～26℃16.7 天，22℃时 21.2 天。适宜的温度在 21～22℃，光照需 8 h。在温室内可周年繁殖达 12～14 代，以老熟幼虫在土壤中越冬。对控制温室蚜虫作用很大。

207. 食蚜瘿蚊可防治哪些蚜虫？

食蚜瘿蚊以幼虫捕食幼虫，可捕食的幼虫种类有 60 多种。只取食蚜虫或在食物缺乏时取食粉虱蛹和螨卵，对人、畜和其他天敌无害。生产上可使用该天敌来防治设施栽培的蔬菜、花卉和果树上的桃蚜、甘蓝蚜、豆蚜、瓜蚜、萝卜蚜等 60 多种蚜虫。在目前露地植物粉虱和蚜虫发生严重的情况下，防治这些害虫要想达到一定的效果需要释放大量的天敌，由于食蚜瘿蚊生产成本较高，释放大量食蚜瘿蚊无疑会使严重增加防治成本，因此食蚜瘿蚊的使用更适合在保护地使用，用来防治高价值植物上的蚜虫。

208. 如何使用食蚜瘿蚊防治温室内的蚜虫?

食蚜瘿蚊的商品剂型是盒装老熟幼虫，每盒中装 1 000 头左右。防治温室内的各类幼虫时释放时期应在蚜虫初发期。释放量的确定要预先调查单株蚜量，再估算温室或大棚内当时总蚜量，按瘿蚊∶幼虫＝1∶(20～30)的比例确定释放瘿蚊的总数量。具体的方法是在温室、大棚等保护地内，在蚜虫发生初期，按照益害比例，将装有老熟幼虫的盒表面扎许多直径为 1～2 cm 的粗眼孔，然后均匀摆在植株间，隔 7～10 天释放一次，连续释放 2～3 次。幼虫化蛹后羽化为成虫，从盒孔飞出，搜寻有蚜虫叶片，并在叶片上产卵，卵经 2～4 天孵出幼虫，孵化出的幼虫即可取食幼虫，使蚜虫死亡。

209. 使用食蚜瘿蚊应该注意哪些事项?

①释放时间最好确定在蚜虫发生初期。目的是为释放的成虫产的卵孵化后，就可有寄主食物可吃。

②要进行温室内蚜虫种群数量的调查，掌握好瘿蚊跟幼虫的比例释放瘿蚊幼虫，释放瘿蚊数量不能太少以免影

响防效，释放太多会增加防治成本。

③购买后的瘿蚊虫盒若不能及时使用，可存放在冷藏冰箱中。在5℃下可保存8个月。

④在释放瘿蚊的地方尽量不要使用化学农药，以防止杀伤食蚜瘿蚊。老熟蚜虫越冬之处不要使用土壤处理药剂。

⑤温室或大棚内放入瘿蚊后若发现蚜虫繁殖很快，虫口密度上升时，可补充释放食蚜瘿蚊。

⑥注意观察防治效果，一般在释蚊3～4天后即可在有蚜虫叶片上观察到大量的食蚜瘿蚊卵块；释放1周左右即有大量食蚜瘿蚊幼虫出现；释放后10天蚜虫数量锐减，残留大量蚜虫尸体，可建立相对稳定的种群对蚜虫进行明显的控制作用。

三、生物源杀菌剂

210. 什么是微生物杀菌剂?

利用微生物活体其代谢产物制成的杀菌剂，即活体微生物杀菌剂和农用抗生素。主要微生物种类有细菌、真菌、病毒、线虫等。活体微生物杀菌剂是利用有害生物的病原微生物活体作为杀菌剂，以工业方法大量繁殖其活体并加工成制剂来应用，如真菌杀菌剂、细菌杀菌剂和噬菌体等。农用抗生素是由抗生菌发酵产生的具有杀菌功能的次生代谢产物，它们都是有明确分子结构的化学物质，现在已经发展成为生物源农药的重要大类。如井冈霉素、春雷霉素、灭瘟素、农用链霉素、浏阳霉素等。

211. 特力克的主要成分是什么? 常见剂型有哪些?

特力克，中文通用名称木霉菌，又称灭菌灵。外观为黄褐色粉末，属于纯生物活体制剂。它是通过人工培养方法将半知菌亚门丛梗孢目丛梗孢科木霉菌属(*Trichoderma* sp.)真菌的孢子粉浓集制成。市场中常见的剂型一般为 2 亿活孢子/g 可湿性粉剂。

212. 特力克的作用机制是什么? 防治范围有哪些?

特力克的作用机制几乎具备抗生菌所有机制，如杀菌作用、重寄生作用、溶菌作用、毒性蛋白及竞争作用等。由于复杂的杀菌机制，有害病菌一般难以形成抗性。因此，特力克对多数常见病原菌均具有拮抗作用，可防治黄瓜、番茄、辣椒等作物的霜霉病、灰霉病、叶霉病、根腐病、猝倒病、立枯病、白绢病、疫病等，也可以防治葡萄灰霉病、油菜菌核病、小麦纹枯病和根腐病等。

由于特力克对大鼠急性经口 LD_{50}（致死中剂量）＞5 000 mg/kg，属于低毒杀菌剂，对人、畜、天敌昆虫非常安全，无残留，不污染环境，因而特别适合于生产绿色食品使用。

☞ 213. 特力克在生产中的使用方法有哪些？

特力克的常规剂型为可湿性粉剂，生产中可采用以下方法施药：

（1）拌种

可用于防治立枯病、猝倒病、白绢病、根腐病、疫病等。通过拌种，将药剂带入土壤，在种子周围形成保护屏障，预防病害发生。常用药量一般是种子重量的 5%～10%。为了增加药剂在种子上的附着，可先将种子喷少量水再搅拌均匀，使每粒种子均湿润，然后倒入药粉，再均匀搅拌，使种子外都着上药粉，然后播种。如是催芽的种子，因本身湿度大，附着药粉性能更好。

（2）灌根

防治根腐病、白绢病等根部病害时，可采用灌根法控制病害发展。一般是用特力克可湿性粉剂稀释 1 500～2 000 倍液，每棵病株一般灌注药液 250 mL。施药时为增加药剂作用效果，使药液充分接触病株根部，同时减少土壤胶体颗粒对药剂的吸附,可先在病株根际旁挖坑,然后灌药,当药液渗下后及时覆土,可防止阳光直射,以免降低菌体的活力。

(3)喷雾

防治发生在作物叶片、茎以及花果上的病害,如霜霉病、灰霉病、叶霉病、纹枯病等,可采用特力克可湿性粉剂600～800倍液,于发病初期地上喷雾。根据病情及药效,每隔7～10天喷1次,连喷2～3次可有效控制病害发展。

214. 使用特力克时应该注意哪些问题,才能避免药效下降,有效控制病害?

特力克属于真菌性杀菌剂,可适应较宽广的自然环境,一般在pH 4～9.5,温度10～45℃,相对湿度60%～100%条件下,均可生长,高湿条件下防效更佳。使用时还应注意下列问题:

①本药剂不能与酸性、碱性农药混用,也不能与杀菌农药混用,否则会降低菌体活力,影响药效正常发挥。

②应在发病初期施药,同时喷药时应均匀、周到。

③喷药后8 h内如遇降雨冲刷,应在雨后晴天补喷,遇少量降水不会影响药剂药效发挥,反而会促进药效。

④药剂应在保质期内使用,保存时应放置在阴凉、干燥处,避免受潮和光线照射。超过保质期或药剂变性后不可再用。

215. 灭菌宁是一种什么样的杀菌剂?可防治哪些烟草病害?

灭菌宁是由云南烟草科学研究院农业研究所研制开发

的一种微生物杀菌剂，是从烟草根际和叶际微生物中筛选出的高效绿色木霉菌株，采用先进发酵、浓缩工艺制成的纯生物杀菌剂。该药剂具有拮抗、竞争、促进生长等防病机理，对疫霉菌、腐霉菌、镰刀菌及丝核菌等土壤真菌以及链格孢菌、毛盘孢菌等一些地上部病原菌具有极其显著的效果，能抑制病原孢子的萌发及其菌丝的生长。本品属于无公害农药，安全、无毒、无残留，不污染环境，对人、畜及环境高度安全。灭菌宁经大面积推广应用表明，本药剂对烟草赤星病、黑胫病、猝倒病等病害有较好的防治效果。灭菌宁有两种剂型的产品，有效活菌数$\geqslant 10^9$个/g 的高孢粉及有效活菌数$\geqslant 10^7$个/g 颗粒剂。

灭菌宁抑菌谱广，可用于疫霉菌、腐霉菌、镰刀菌及丝核菌、链格孢菌、毛盘孢菌等引起的多种真菌病害，同时促进植物的生长，提高植株的抗病、抗旱、抗寒能力，还可提高肥料的利用率，有利于植株对营养物质的吸收与利用，改良土壤环境，对长期大量施用化肥而被破坏的土壤结构有明显的改善作用。田间可利用该药剂防治烟草猝倒病、立枯病、黑胫病、赤星病、炭疽病等病害。颗粒剂于假植期按每 667 m^2 1.5 kg 与营养土混匀装袋，或于移栽期按每 667 m^2 1.5～3.0 kg与肥料混施田间，也可于烟株团棵期至旺长期按每 667 m^2 1.5～3.0 kg撒施烟墒和下部叶片。高孢粉则在烟株旺长期按 5 g/667 m^2 用量，将高孢粉加水 10 000 倍均匀喷雾防治赤星病等烟草病害。本产品有效期 12 个月，存放时注意防潮。使用勿与其他化学杀真菌剂如甲基托布津、多菌灵、甲霜灵锰锌等混用，避免高温施用。

216. 重茬敌是什么样的杀菌剂？应该怎样使用？

该药剂由沈阳市绿源生物技术研究所研究开发，属于生物活性真菌。商品外观为黑色粉剂，pH6～6.5下稳定，pH9以上不稳定，易分解。小鼠急性经口 LD_{50} 为4 130 mg/kg，属低毒农药，对土壤无有害物质残留，对人、畜安全，不污染环境。在富含有机质的土壤中持效期较长。对施药对象有良好的附着性。

重茬敌对土传有害菌具有拮抗作用，特别是在温室大棚条件下效果显著。可防治多种真菌性病害，如茄子黄萎病、西瓜和甜瓜枯萎病、番茄早疫病、晚疫病、蔬菜苗期立枯病及其他蔬菜的炭疽病、锈病、白粉病、褐斑病、黄瓜霜霉病等，在重茬作物栽培中病害防治率可达到80％以上。除可控制病原菌外，本剂还兼有活化土壤、改良土壤、培肥土壤、防止土壤盐渍化作用以及补充微量元素、提高肥料利用率的作用，菌体产生的次生代谢产物能刺激作物各部分生长，使植株健壮、叶片浓绿肥厚，一般可增产15％～20％。

生产中使用该药剂时，每公顷用量为8～10 kg，按1∶10的比例与细土混匀后，在做畦时撒在土深15 cm处，即可定植或播种。此外，也可采用穴施、条施、冲施等施药方法。如果是重茬年份超过3年以上，应在各个农事栽培管理环节上施用，效果更稳定。使用时，不宜与化学杀菌剂混用。注意在保质期内使用，剩余药剂应储存在阴凉避风、避光处。

217. 草病灵作为草坪专用生物杀菌剂，都有哪些系列产品，应该如何使用？

草坪是城市园林绿化的重要组成部分，在城市中起到调节生态、发挥景观效应的作用。草坪作为一个特殊的植物群体并不完全适用农业上应用的杀菌剂,使用后可能会产生环境污染等负面效应。针对我国园林植物专用杀菌剂尚属空白的现况,由中国农业大学草坪植保教研室等单位合作共同研发出新型生物草坪专用杀菌剂——草病灵,对目前国内草坪上发生的较为严重、对草坪生长和景观影响较大的几种病害,如褐斑病、夏季斑病、腐霉枯萎病、镰刀枯萎病和叶枯(根腐)病等,均有明显的防治效果。

草病灵作为草坪专用生物杀菌剂,目前主要有 4 种系列产品。

(1)草病灵 1 号

本品是一种新型生物型杀菌剂,具有很强的内吸作用,广泛适用于各种草坪草,主要防治由丝核菌引起的褐斑病。对人、畜安全,不污染环境。商品剂型为 20%可湿性粉剂。田间施药一般采用喷雾法,在病害发生初期用 20%可湿性粉剂稀释 1 000～1 500 倍药液后喷雾防治。在发病盛期可用 500～800 倍药液喷雾防治。对于病斑较重的局部地块也可使用灌根或泼浇法。

(2)草病灵 2 号

本品是一种内吸生物杀菌剂,具有接触杀菌、内吸传导及优良的保护、治疗、铲除等多种活性,施药后药效维持时间长,能防治草坪草的褐斑病、夏季斑病、腐霉枯萎病、镰刀枯萎病和多种叶枯(根腐)病等。本品对人、畜和环境低毒,遇碱易分解,生产中不宜与碱性农药混用。现有剂型为 64%可湿性粉剂。田间可在发病初期采用拌种、喷雾等方法施药防治,针对病斑较重的局部地块也可采用灌根或泼浇等方法。

(3)草病灵3号

本剂是一种新型高效土壤和种子处理生物杀菌剂，对土壤真菌，尤其是丝核菌、腐霉菌、镰刀菌等都具有很强的抑制作用。同时还具有促进植物根系生长、提高和植物生理活性等功能。本品可用于各种草坪草，对主要草坪草病害：褐斑病、夏季斑病、腐霉枯萎病、镰刀枯萎病及其他病害如炭疽病、叶枯病等有很好的防治效果。本品对人、畜和环境低毒，对土壤无污染。现有商品剂型98%粉剂。生产中可利用拌种、灌根、喷雾或撒毒土等方法于病害发生初期进行施药防治。

(4)草病灵4号

本剂是一种新型广谱生物杀菌剂，能有效抑制多种病原真菌，如丝核菌、腐霉菌、镰刀菌等。适用于各种冷季型和暖季型草坪草，对草坪主要病害丝核菌、腐霉枯萎病、镰刀枯萎病和夏季斑病等具有良好的防治效果，同时也可兼治叶斑病。商品剂型为50%可湿性粉剂。生产中可利用拌种、喷雾和灌根等方法施药防治各种草坪病害。具体喷雾施药时，可于发病初期用50%可湿性粉剂1 000～1 500倍液喷雾防治，在发病盛期可将施药浓度增加到500～800倍再喷雾防治。

☞ 218. 绿泰宝是什么样的杀菌剂？应该怎样使用？

本药剂由河北绿泰生物工程有限责任公司开发，其外观为浅棕色液体，属于真菌微生物发酵而成的制剂，活性强，水溶性好，对人、畜和天敌动物安全，使用无残留、无公害，不污染环境。生产剂型为0.05%水剂。绿泰宝对防治真菌引起的各种作物病害有良好效果，如黄瓜霜霉病、炭疽病、白粉病，番茄早、晚疫病、灰霉病、叶霉病，茄子褐纹病、绵疫病，辣椒炭疽病、疫病，豆角炭疽病、锈病、轮纹病，芹菜叶斑病、斑枯病、菌核病，白菜霜霉病、炭疽病，大葱紫斑病、锈病、霜霉病等，尤其对柑橘疮痂病、溃疡病有特效。除防病、抗病外，本药剂兼具抗逆、营养等多重功效，是一种药肥合一的新型生物制剂，可广泛使用于水果、蔬菜和各种粮食作物，能显著提高品质和耐储性，增产15％以上。

使用时以0.05％水剂稀释600～800倍喷施，每隔7～10天喷施1次，视病情发展可连喷2～3次。可与其他酸性农药混合使用，有增效作用。施药时，最佳喷施时间为上午10时以前，下午4时以后。喷施8 h以内遇雨应补喷。配药之前，若瓶底有微量沉淀，应摇匀后使用。

219. 立信菌王有什么特点？生产中都有哪些使用方法？

立信菌王是专门应用在食用菌或药用菌生产中兼具药肥功用的微生物制剂。本品是一种无公害、无污染、无残留的复合微生物制剂，具有灭杂菌、抗病、增产等功能，其中含有90多种有益微生物和食用菌或药用菌所需的多种促长因子、活性酶、氨基酸等成分。该药剂的作用机理是通过制剂中的微生物抑制菌类生产中有害菌的生长，起到以菌治菌的目的。

本品为水状液剂，每包装瓶250 mL。生产中本药剂具有如下特点：

(1)抗病强

本剂对食用菌或药用菌生产过程中可能产生的绿霉、

曲霉、毛霉等杂菌污染和菇体萎缩、水肿、发黄、硬开伞、畸形等子实体真菌病害均有很好的防治作用，对剧烈环境条件变化，如冻害、药害等有明显的缓冲作用。

(2)具有明显的增产作用

本品使用后，可使菇形端正、色泽光滑、肉质厚实，菌柄、菌盖明显增大，产量可提高20%～65%，能增强菌类耐贮耐运性，商品性好，货架期长。

(3)出菇率高

使用该药剂后，可加快菌种萌发，吃料速度快，能促进菌丝健壮生长，降低污染率，出菇率高达95%以上。

(4)能促进出菇提前

药剂使用后，可提前3～15天出菇。

(5)该产品纯生物制成，属于绿色环保型纯生物制剂

本产品为绿色环保型纯生物制剂，使用后无化学残留，无任何副作用，是有机食用菌生产基地的必备产品。

本产品在使用时可以采用拌料、喷施、注射、浸泡、灌渗等多种多样的施药方法，适用于平菇、香菇、双孢菇、鸡腿菇、草菇、金针菇、木耳、灵芝、猴头菇、滑菇、姬菇、真姬菇、茶薪菇、杏鲍菇、金福菇等各种食用菌或药用菌生产，其抗病、增产效果更明显。

☞ 220. 健根宝是什么样的杀菌剂？它对病原菌有怎样的作用效果？

健根宝是由沈阳农业大学植物保护学院与美国农业部生物防治研究所联合研制成的一种新型高效的无公害生物农药。它是由绿色木霉菌TR-8和细菌BA-21复合发酵后，经特殊剂型加工工艺加工而成，其有效成分为拮抗真菌和拮抗细菌本身。原药外观为棕色液体，略有沉淀，沸点100℃。商品制剂外观为淡黄色或棕褐色粉末，有特殊腥味，pH 6.5～8.2，45℃以下贮存稳定。常见剂型为10^8cfu/g可湿性粉剂。健根宝对大鼠急性经口LD_{50}>1 000 mg/kg。属于低毒杀菌剂。

从作用机制看，健根宝是由具有生命活力的拮抗菌的本身构成的，而不是拮抗微生物的次级代谢产物，不属于抗生素类生物农药。施药后健根宝可在作物根表面及根际周围迅速大量增殖，且拮抗菌的分布可随根系的生长分布变化而变化，不断调节根际周围的微生态平衡，形成一道严密的保护屏障，并通过菌体增殖逐年累积。拮抗菌可以通过重寄生、营养或空间竞争、分泌抗生素、诱导作物抗病性等多重机制，抵御土传、种传病原菌对作物的侵染，控病效果显著。此外，健根宝中的拮抗菌还能够分泌促进作物生长的活性物质，具有增根、壮秧、提高品质的作用。

221. 健根宝可防治哪些病害？怎样使用？

健根宝具有防菌谱广、药效持久、低毒、无污染、对作物安全等特点，是防治土传、种传病害，解决重茬问题和生产绿色蔬菜、瓜果的必备生物农药。可有效控制番茄、黄瓜、茄子、青椒、西瓜、香瓜、甜瓜等作物发生的真菌性病害，尤其对猝倒病、立枯病和枯萎病有特效。

(1)育苗时

每平方米用药10 g与15～20 kg细土混匀，1/3撒于种子底部，2/3覆于种子上面；

(2)分苗时

每100 g药剂对营养土100～150 kg，混拌均匀分苗即可。

(3)定植时

每 100 g 药剂对细土 150～200 kg，混匀后每穴撒 100 g药土。

(4)进入坐果期或现瓜期后

每 100 g 药剂对 45 kg 水灌根，每病株可灌注药液 250～300 mL，以后视病情发展可连续灌 2～3 次。

健根宝属于微生物活体药剂，对环境湿度要求较为严格，施药后，土壤应保持湿润，土壤干旱不利其药效发挥。此外，本药剂不可同其他化学杀菌剂混合使用，否则会导致菌体活力丧失。未用完的药剂应密封，于低温干燥处保存。

☞ 222. 阿密西达是怎样的杀菌剂？其杀菌机制是什么？

阿密西达是瑞士先正达公司在 20 世纪 70 年代，从生长在热带雨林的可食黏液蜜环菌中发现的一类天然抗菌物质，后经仿生合成制得。该药剂具备很高的杀菌活性，又具有对作物高度的安全性，同时保留了其天然母体对哺乳动物低毒和对环境安全无污染的优良特性。1996 年首先在德国登记，到 1999 年已在 48 个国家 50 余种作物的多种病害防治中注册使用。1999 年在我国登记注册，后在全国范围内推广使用。

阿密西达的商品名称为 Amistar，纯品外观为白色固体，熔点为 116℃。商品制剂为不透明黏稠状液体，密度为 1.096 g/mL，pH 为 7.64。本剂属于低毒杀菌剂，实验表明大鼠急性经口 LD_{50} ＞5 000 mg/kg，大鼠急性经皮 LD_{50}

＞2 000 mg/kg，对兔眼有轻微刺激作用。在土壤中半衰期为1～4周，对人、畜和天敌安全，不污染环境。商品剂型为25％悬浮剂(25％SC)。

本剂能防治卵菌、子囊菌、担子菌和半知菌4大类真菌引起的多种真菌病害，杀菌谱广，防效好。其杀菌机理是抑制病原菌细胞内线粒体的呼吸作用，通过破坏病原菌的能量合成而导致其死亡。阿密西达还具有传导性好，持效期长的特点，使用时施药次数少，可节省农药成本。此外，促进作物生长，提高产量，改善品质的作用也很显著。

☞ 223. 阿密西达防治粮谷类作物病害时，应怎样使用？

(1)防治水稻病害

如稻瘟病、胡麻斑病、纹枯病、褐色菌核病等，可采用叶面喷雾，每公顷用有效成分100～300 g(根据25％悬浮剂折算，即需药剂400～1 200 g)；或进行植株地上部喷雾，每公顷用有效成分600 g(即需25％悬浮剂2 400 g)；或对苗床喷雾，每公顷用有效成分3 g(即需25％悬浮剂12 g)，对水600～900 L稀释使用。

(2)防治小麦常见病害时

如小麦白粉病、叶枯病、条锈病、叶锈病、颖枯病、链孢霉叶枯病等，每公顷用有效成分250 g(即需25％悬浮剂1 000 g)，对水600～900 L稀释后喷雾。

(3)防治大麦常见病害时

如白粉病、叶锈病、云纹病、网斑病等，其用药量及施药方法同小麦。

224. 如何使用阿密西达防治常见蔬菜病害？

防治黄瓜白粉病、霜霉病、炭疽病、蔓枯病、叶枯病等病害时，可用25%阿密西达悬浮剂配制成浓度为100～200 mg/L 的药液地上部分喷雾。防治番茄斑枯病、白粉病、早疫病、炭疽病等病害时，用25%阿密西达悬浮剂配制成浓度为25～100 mg/L 的药液地上部分喷雾。对于其他蔬菜类病害可参照上述浓度配药喷洒。

225. 阿密西达可防治哪些果树病害，应如何使用？

(1)苹果

防治黑星病、斑点落叶病、白粉病、轮纹病、黑点病、煤污病时，用浓度为100～200 mg/L 药液喷雾。个别品种可能会对该药剂敏感，应慎用。使用前应作小范围试验，对本剂敏感的苹果品种，不宜施用该药剂。

(2)葡萄

防治霜霉病、白粉病和白腐病时，用浓度为125～250 mg/L药液喷雾。

(3)香蕉

可防治叶斑病，每公顷用有效成分100～150 g，折合25%悬浮剂400～600 g。

(4)核桃

可防治叶部病，每公顷用有效成分100～200 g，折合25%悬浮剂400～800 g。

(5)桃

防治褐腐病、疮痂病,每公顷用有效成分 75～200 g。

(6)柑橘

防治疮痂病等,每公顷用浓度 100～200 mg/L 药液喷雾。

(7)梨

防治黑星病、黑斑病、轮纹病,每公顷用浓度为 100～200 mg/L 药液喷雾。

226. 阿密西达对哪些草坪病害具有防除效果,应如何使用?

对于草坪中常见病害,如丝核菌综合症、炭疽病、腐霉病、粉红雪霉病、早熟禾褐斑病、狗牙根死斑病、红丝病、叶斑病、全蚀病等,均可用阿密西达予以防治。常规施药方法为喷雾,每公顷用有效成分 250～600 g,折合 25%悬浮剂 1 000～2 400 g,适量对水喷雾。

227. 使用阿密西达应该注意哪些问题?

使用阿密西达时,应选择在病害发生初期施药,有利提高防效。喷药时,必须加足水量,使作物表面充分接触药剂,尤其是在作物生长后期,更要注意。此外,应选择优良的施药器械,使药液充分雾化,喷雾均匀、周到。如药剂出现少量沉淀,应摇匀后使用,一般不会影响到药效。阿密西达能与大多数杀虫剂、杀菌剂混用,可根据田间发生病虫害种类适当选择混用药剂。剩余的药剂应贮存在阴凉、干燥、通风处。

228. 什么叫做抗生素类杀菌剂？它属于生物杀菌剂吗？

在微生物中，特别是在放线菌中能够产生的一类抑制或杀死其他有害生物的物质，被称之为抗生素，对农业有害生物具有生物活性的称为农用抗生素。在这类药剂中，凡是能对植物病原微生物具有预防或治疗作用的农用抗生素称为抗生素类杀菌剂。因为这类药剂其有效成分来自于微生物体内的代谢产物，故而也属于生物性杀菌剂，具有低毒、无残留、无公害等特点，适用于各级绿色食品的无公害生产。

229. 武夷菌素能防治哪些病害？有什么样的杀菌机制？

武夷霉素属于广谱性抗生素类杀菌剂，其有效杀菌成分为不吸水链霉菌武夷变种的发酵代谢产物，该菌在 1979 年从福建省武夷山地区土壤中分离得到，经培养分离得到有效杀菌活性成分。武夷霉素对大鼠急性经口 LD_{50} $>$20 000 mg/kg，属于低毒药剂，对人、畜、蜜蜂、天敌昆虫、鱼类、鸟类等均安全，对植物安全，不污染环境。制剂外观为棕色液体，pH 5.0～7.0，生产中常用剂型为 1%水剂。

武夷霉素杀菌谱广，对多种植物病原真菌和一些细菌有很强的抑菌和杀菌作用，如对叶霉属、灰霉属、霜霉属、疫霉属、镰刀属、炭疽属、白粉属、黑星属、单丝壳属、尾孢属等多种病原真菌引发的植物病害均有明显防治效果，尤其对白粉病、叶霉病等效果显著，并可抑制部分细菌病害。研究表明该药剂的作用机制是抑制真菌菌丝体生长、孢子形成和萌发以及破坏细胞膜功能等，同时具有保护作用和治疗作用，但无传导作用。

本剂适用于防治各种蔬菜、果树、中药材、经济和粮食作物上的多种真菌和细菌病害，也可用于柑橘等水果保鲜，是适用于A级和AA级绿色食品生产的抗生素类杀菌剂。

230. 武夷霉素能防治哪些果蔬病害？应该怎样使用？

①防治黄瓜白粉病、霜霉病、黑星病、细菌性角斑病等，可在发病初期，用1%水剂稀释150～200倍液喷雾，根据病情每隔7天喷1次，连喷2～3次。该药剂对黄瓜白粉病药效显著，其防效可与化学杀菌剂粉锈宁相媲美，基本上可以解决生产AA级黄瓜生产中白粉病的防治问题。此外，用本剂防治黄瓜黑星病的防治效果也较为突出，曾有过“黑星灵”的美誉。

②防治番茄叶霉病、灰霉病、早疫病、晚疫病等，在发病初期用1%水剂稀释150～200倍液喷雾，每隔4～5天喷1次，连喷2～3次直至控制病情发展。实验表明，1%武夷菌素对番茄叶霉病的防治效果明显高于代森锰锌、百菌清等化学杀菌剂的防治效果，可放心在番茄的AA级无公害生产中用于叶霉病等病害的防治。

③防治韭菜灰霉病时，要在发病初期，用1%水剂稀释100～150倍液喷雾，间隔4～5天喷1次，连喷2～3次，可有效控制住灰霉病。

④防治山楂白粉病、葡萄白粉病和霜霉病等，用1%水

剂稀释 100～150 倍液喷雾防治，病情较重时可每间隔 4～5 天喷 1 次，连喷 2～3 次，可有效控制住病情发展。

⑤防治西瓜、甜瓜炭疽病、白粉病、霜霉病、细菌性角斑病、果腐病等病害时，用 1%水剂稀释 100～150 倍液喷雾，间隔 5～7 天喷 1 次，根据病情可连续喷洒 2～3 次。

⑥防治柑橘流胶病，应在每年 4～7 月份病害发生时刮除患病部位，后涂抹 1%水剂原药或稀释 5 倍液后涂抹，药力效果可几乎达到 100%。此外，还可利用 1%水剂按 200～400 mg/L 浓度配制药液浸果 1～2 min，不但可以保鲜，而且对柑橘青霉病、绿霉病的控制效果也比较显著。

231. 利用武夷霉素防治粮食经济作物病害和花卉病害应该怎样使用?

采用 1%水剂稀释 100～150 倍液喷雾，可有效控制甜菜褐斑病、芦笋茎枯病，凤仙花、翠菊、丁香、月季白粉病，水稻立枯病、纹枯病、白叶枯病，小麦白粉病、赤霉病，大豆灰斑病、细菌性斑点病等病害。

232. 克菌康能防治哪些病害，应如何使用?

克菌康，其中文通用名称又叫中生菌素，该制剂的有效成分由淡紫灰链霉菌海南变种产生的抗生素构成，属于农用抗生素类药剂。药剂纯品为白色粉末，易溶于水，微溶于乙醇。在酸性介质及低温条件下也稳定，使用安全，属于低毒药剂。中生菌素抗菌谱较广，对大田作物、果树、蔬菜等农作物常见细菌性病害及部分真菌性病害均具有很高的活性，是生产中优良的杀细菌剂，同时具有一定的增产作用。生产中常见剂型为 3%可湿性粉剂。

(1)防治蔬菜细菌性病害

对白菜软腐病、茄科青枯病于发病初期用3%可湿性粉剂稀释1 000～1 200倍药液喷淋，每隔7天施药1次，根据病情施药3～4次；对姜瘟病可用3%可湿性粉剂稀释300～500倍药液浸种2 h后播种，生长期间发病的于发病初期用800～1 000倍药液对病株灌根，每株灌注药液0.25 kg，每隔7天灌根1次，灌3～4次后即可控制病情；对黄瓜细菌性角斑病、菜豆细菌性疫病、西瓜细菌性果腐病等于发病初期用3%可湿性粉剂1 000～1 200倍药液地上喷雾，间隔7～10天喷1次，根据病情可连续施药3～4次效果较好。

(2)防治水稻白叶枯病、恶苗病

用3%可湿性粉剂稀释600倍药液浸种5～7天后播种，生长期间发病可于发病初期用1 000～1 200倍药液喷雾1～2次。

(3)防治果树病害

对苹果轮纹病、炭疽病、斑点落叶病、霉心病，葡萄炭疽病、黑痘病，西瓜枯萎病、炭疽病等病害可于发病初期用3%可湿性粉剂稀释1 000～1 200倍药液喷雾防治，根据病情间隔7天施药1次，连续施药3～4次后可有效控制病情。由于药剂对苹果安全，也可在苹果花期时施药。

使用本药剂时，需注意不可与碱性农药混用，如施药后遇降雨应及时补喷。平时应将药剂贮存在阴凉、避光处。

☞ 233. 丰灵能防治十字花科哪些细菌性病害，效果如何，要怎样使用？

丰灵，又叫增效菜丰宁，本品属于高效生物杀菌剂，专门用于防治十字花科各种蔬菜的软腐病、黑腐病和角斑病等细菌性病害。大白菜施用丰灵后，对软腐病防治效果在79%以上，黑腐病、角斑病防治效果在60%以上，尤其在生长初期喷雾、灌根效果更为明显，并对大白菜后期包心有很强的作用，增产增收18%以上。其他十字花科作物施用后，防病、增产效果基本同大白菜。商品剂型为可湿性粉剂。生产中可采用的施药方法有拌种、喷雾和灌根等，每667 m^2用量1～3袋(即用可湿性粉剂50～150 g)。

234. 农抗120可以防治哪些病害，它具有什么样的杀菌作用机制?

农抗120，又叫做抗霉菌素120、TF120等，国内可生产的厂家众多，其有效成分为刺孢吸水链霉菌北京变种的发酵代谢产物——碱性核苷类化合物，属于广谱性农用抗生素杀菌剂。农抗120的纯品为白色粉末，易溶于水，难溶于有机溶剂。商品制剂外观为褐色液体，无臭味，pH3～4，在碱性介质中不稳定，易水解失效。常温下可贮存2年。本剂为低毒性抗生素杀菌剂，施药后在作物上无残留，不污染环境，对人、畜安全，适用于各级绿色食品生产中病害防治。生产中常用剂型有2%、3%和4% 3种水剂。

农抗120对多种病原真菌具有强烈地抑制作用和治疗作用，其作用机理是直接阻碍病原菌的蛋白质合成，从而导致病原菌死亡。农抗120杀菌谱较广，适用于粮油、经济作物、果树、蔬菜等农作物，对瓜类白粉病、小麦白粉病、花卉白粉病和小麦锈病有明显的防治效果；对瓜、果、蔬菜炭疽病，西瓜、蔬菜枯萎病，水稻和玉米纹枯病等多种真菌病害也有良好防效。此外，该药剂对柑橘疮痂病及果品贮藏保鲜有一定效果。实验表明，药剂使用后对作物还有明显地刺激生长作用。

☞ 235. 使用农抗 120 时还应注意哪些问题?

农抗 120 在酸性和中性条件下性质比较稳定,因而可与多种中性和酸性农药混用,但在碱性介质中易分解失效,因此使用时切记不能与碱性农药混用。利用喷雾防治时,喷雾时间应选择在发病初期,每隔 7～10 天喷 1 次,若病情严重应连喷 2～3 次。灌根时,也应选择在发病初期进行,在病株根旁挖穴灌药,每隔 5 天灌 1 次,重病株可连灌 2～3 次。

☞ 236. 益植灵能防治哪些病害? 应该怎样使用?

本剂外观为棕色液体,其有效成分为农抗 120 抗菌素与多种微量元素、生长素等的复配物。在物理化学性质及作用机制等方面与农抗 120 都极为相似,也属于低毒性抗生素类杀菌剂,生产中常用剂型为水剂。益植灵具有较广的杀菌谱,且施药后耐雨水冲刷,并且还能防腐保鲜,可明显延长瓜果蔬菜等采摘后的贮藏时间,能促进作物生长,提高产量和品质,具有良好应用效果,是农抗 120 的换代产品。

该药剂可以防治粮食、经济、蔬菜、果树等多种作物病害,常规施药可采用喷雾法、浸种法和灌根法等。使用喷雾法时,应在田间开始出现发病中心时对地上部分进行施药,药剂浓度可设定在 1 200～1 500 倍,每隔 7～10 天喷 1 次,视病情轻重最多可连续施药 2～3 次;采用浸种和灌根法施药时,可选用 600 倍液,浸种时间为 1～2 h,灌根时要在病株旁挖穴灌注药液 300～1 000 mL。益植灵具体可防治病害种类如下:稻瘟病、纹枯病;小麦锈病、白粉病、赤霉病等;烟草赤星病、白粉病、黑斑病等;棉花角斑病、黄萎病、烂铃、枯萎病等；花生、大豆锈病、叶斑病、根腐病等；瓜类作物白粉病、炭疽病、枯萎病等；十字花科蔬菜白斑病、黑斑病、霜霉病、炭疽病等；苹果、葡萄炭疽病、轮纹病、斑点落叶病、白粉病等。

237. 农用链霉素属于生物杀菌剂吗？它有几种常用剂型？

农用链霉素又称为农缘，国内多家农药厂家均可生产。农用链霉素在生产中常见两种常用剂型——72％可溶性粉剂和泡腾片剂。可溶性粉剂外观为白色或类白色粉末，无臭，味微苦，易溶于水，不溶于乙醇、氯仿和乙醚等有机溶剂，在环境中易吸湿，应在干燥处密闭贮存。对空气及阳光稳定，室温中可以保持 2～3 周不变质；泡腾片剂是一种直径为 25 mm，色泽均匀的圆形片剂，易吸潮，在水中迅速崩解，完全崩解需 3～5 min，应贮存在低温、阴暗、干燥处。

农用链霉素为低毒性抗生素类杀菌剂，对大鼠急性经口 LD_{50} ≥4 640 mg/kg，大白鼠急性经皮 LD_{50} ≥2 150 mg/kg，对家兔眼睛、皮肤无刺激性，对人、畜低毒，对环境安全、无污染。

238. 72％农用链霉素能防治哪些病害，其使用方法怎样？

72％农用链霉素可溶性粉剂对各种作物细菌性病害有特效，田间使用时可采用喷雾法，于作物定植后开始用药，每隔 7～10 天喷 1 次，施药量和施药次数视病情轻重可相应增加或减少。施药浓度可以根据所防治的病害种类有所不同，防治大白菜软腐病、叶枯病用5 000～7 000 倍液进行叶面喷雾；防治水稻白叶枯病、细菌性角斑病可用5 000～7 000 倍液叶面喷雾；防治柑橘溃疡病宜用 6 000～9 000 倍液叶面喷雾；防治马铃薯环腐病时用 6 000～7 000 倍液浸泡种薯 2～5 min 后播种。该药剂可与其他抗生素类农药混用，但要避免和碱性农药混合，否则易造成失效。

☞ 239. 使用农用链霉素泡腾片剂能防治哪些病害？具体怎样使用？

泡腾片剂，是近些年新兴的省力化剂型，在水中溶解扩散性能优良，能保证药剂药效的稳定发挥。农用链霉素泡腾片剂适用于防治各类作物细菌性病害，防治时主要以预防为主，在农作物定株后就应开始用药，发病初期要每间隔7～10 天喷 1 次，连续用药 2～3 次效果较好。用药量和施药次数要视病情轻重相应增加或减少。防治时施药浓度的选择要根据发生的病害种类而定，防治黄瓜细菌性角斑病可用 3 000～4 500 倍液，叶面喷雾；防治烟草野火病、角斑病可用3 000～4 000 倍液，叶面喷雾；防治大白菜软腐病可用 3 500～4 500 倍液，叶面喷雾；防治水稻白叶枯病用 3 500～4 000 倍液，叶面喷雾；防治柑橘溃疡病用 3 500～4 500 倍液，叶面喷雾。配药时，要注意待药片全部崩解后方可喷雾，以免影响药效。该药剂可与其他抗生素类农药混用，但要避免和碱性农药或污水混合，否则易造成失效。

☞ 240. 农用链霉素在烟草生产中能防治哪些病害，应该怎样使用？

烟草生产中，可利用农用链霉素针对烟草根、茎、叶的多种细菌性病害进行防治，尤其是对烟草野火病、角斑病和细菌性叶斑病效果显著。烟草青枯病是一种常见的烟草根茎病害，在苗期和大田期均可造成为害，防治时应在发病初期用 200 U/mL 农用链霉素灌根，7 天后再灌根 1 次。烟草野火病和角斑病在苗期和大田期均可发生危害，两者主要为害烟株叶片，防治时在发病初期用 200 U/mL 的农用链霉素，每 667 m^2 用 100 kg 药液进行喷雾，每隔 6 天施药 1 次，连续喷施 3～5 次。烟草空胫病为烟草茎髓病害，为害后造成烟茎中空、叶片凋萎，最后死亡，防治时在发病后喷施5 万 U/mL 200 倍液，每 667 m^2 喷施 70～100 kg 药液。

241. 春雷霉素有哪些特点，作用机制是什么？

春雷霉素，又被称作春日霉素、加收米，其有效成分是小金色放线菌的代谢产物。药剂纯品为白色结晶，易溶于水，微溶于甲醇，不溶于乙醇、丙酮等有机溶剂。商品制剂外观为棕色粉末，具有良好的内吸性能，易被植物吸收，因而耐雨水冲刷。该药剂为低毒抗生素类杀菌剂，其原粉对小白鼠急性经口 $LD_{50} \geqslant 8\ 000$ mg/kg，大鼠急性经皮 $LD_{50} > 4\ 000$ mg/kg，对鱼、虾和其他水生动物以及蜜蜂、家蚕低毒。本剂常用于防治稻瘟病，兼有预防和治疗作用。药剂本身对水稻非常安全，适用于 A 级和 AA 级水稻生产，可用本剂代替现行防治稻瘟病的其他化学农药。其杀菌机理是通过干扰菌体内氨基酸代谢的酯酶系统，从而影响菌体内蛋白质的合成，抑制菌丝伸长和造成细胞颗粒化，最终导致病原体死亡或受到抑制。持效期可达 15 天左右。生产中常用剂型为 0.4％粉剂、2％水剂。

☞ 242. 利用春雷霉素防治稻瘟病时，具体要怎样使用？

利用春雷霉素防治稻瘟病时，施药时期应选择在叶瘟发生初期，每 667 m^2 用 2%水剂 75～100 mL，对水 50～60 L 喷雾，施药 7～10 天后再喷第 2 次药，在水稻长至孕穗末期和齐穗期时各喷药 1 次。防治穗颈瘟，在发病初期每 667 m^2 用 2%水剂 75～100 mL，对 50～60 L 水喷雾，病情较重时每 7～10 天施药 1 次。田间施药时，可在配药时向药液稀释液中加入 0.1%～0.2%的中性肥皂液，能增加药液在植物体上的展着性，可提高药效。如果病害发生严重，可缩短施药间隔时间或加大施药剂量，尽量在短期内控制病害扩展，减轻损失。

除了利用 2%春雷霉素水剂外，也可采用春雷霉素 0.4%粉剂防除稻瘟病。防治时期选择在发病初期，利用早晨或傍晚稻株上有露水时施药，可增加药剂在植株体上的附着性。每 667 m^2 喷粉 1.5～2.0 kg，可根据病情发生情况适当选择施药剂量。相对而言，喷粉法比喷雾法省工省时，防效也比较突出，但施药期间应注意风力影响，避免因药粉漂移散失而导致的药效下降以及造成环境污染。

春雷霉素除了对稻瘟病有特效，也可用于防治高粱炭疽病以及谷瘟病。防治时期和施药方法等，可参照上述防治稻瘟病所选用的施药量和施药方法进行防治。

使用春雷霉素期间，应注意该药剂不宜与碱性农药混用，施药 5 h 内遇降雨，应于雨后补喷 1 次，其安全间隔期为 21 天，因此应在收获前 21 天停止用药。需注意长期单一使用春雷霉素防治稻瘟病，易使病原菌产生耐药性，造成危害加重，因而使用春雷霉素时应注意尽量与其他有效药剂交替使用或混用，确保防效。

243. 井冈霉素是防治水稻纹枯病的特效药吗？它还能防治哪些病害？

井冈霉素，又被称作有效霉素，国内生产厂家众多，其有效成分是由自井冈山地区采到的吸水链霉菌井冈变种培养产生的水溶性抗生素（即葡萄糖苷类化合物）构成。该菌种培养后所产生的水溶性抗生素共有6个组分，药剂中主要添加的有效成分为其中的井冈霉素A和B。药剂纯品为无色、无味、无吸湿性的粉末，易溶于水，不溶于丙酮、氯仿等有机溶剂。商品制剂外观为棕色透明液体或棕黄色粉末，保质期均为2年，固体药剂具有较强的吸湿性，保存时应注意保持干燥。井冈霉素为低毒性杀菌剂，对人、畜低毒，对环境安全，是生产绿色食品的优良杀菌剂。由于该药剂全国生产厂家众多，因而剂型较多，生产中常见有2%可湿性粉剂、5%水剂等。

本剂为内吸作用很强的抗生素，能干扰和抑制菌体细胞的正常生长发育，并导致死亡。对水稻纹枯病菌有特效，浓度为50 mg/L时防效即可达到90%以上，且持效期可长达20天，对水稻极其安全，在水稻任何生育期使用，都不会产生药害。此外，该药剂还能防治稻曲病、小麦纹枯病，蔬菜、豆类、人参立枯病等真菌病害，效果也较好。

244. 使用井冈霉素防治水稻纹枯病及其他病害时，具体应如何使用？

(1)防治水稻纹枯病

防治时期应选择在水稻孕穗到始穗期，用5%水剂

1 000 倍液(即药液含有效成分 50 mg/L),进行喷雾,根据病情每隔 10～15 天施药 1 次,可连续施药 2～3 次。喷药时应着重喷施水稻植株的中、下部位。一般喷药 4 h 后遇降雨,对药效影响不大,可不必补喷。施药时应保持稻田水深 3～4 cm。若使用 2%粉剂防治纹枯病,最好选在晴天的早上露水未干时进行施药,药剂附着较好。

(2)防治稻曲病

防治时期一般多在孕穗末期再过 10 天即可抽穗时喷药,每 667 m^2用 5%水剂 100～150 mL,对水 50～75 L 后喷雾。视病情程度,每间隔 10 天施药 1 次,可连续施药2～3 次效果较好。

(3)防治麦类纹枯病

生产中可采用拌种法,每 100 kg 麦种,用 5%水剂 600～800 mL,对少量水,用喷雾器均匀喷在麦种上,边喷边搅拌,混拌均匀后堆闷几小时后即可播种。此外,当田间出现发病植株,且病株率达到 30%左右时,每 667 m^2 用 5%水剂 100～150 mL,对水 60～75 L 对植株茎部进行喷雾,病情严重地块可间隔 15～20 天后再喷 1 次。

(4)防治棉花和瓜类立枯病

防治棉花立枯病时可在棉花播种后进行,用 5%水剂 500～1 000 倍液灌根,每平方米苗床用药液 3 L。防治瓜类立枯病时,一般在瓜类播种后用 5%水剂 1 000～2 000 倍液浇灌苗床,每平方米苗床灌药液 3～4 L。

☞ 245. 水合霉素能防治哪些果蔬病害? 应怎样使用?

水合霉素外观为黄色粉状物,其有效成分是由放线菌经发酵培养产生的抗生素类物质，属于农用抗生素类杀菌剂，在常温下性质稳定。水合霉素属于低毒杀菌剂，对人、畜安全，无残毒，且不污染环境。生产剂型常用88%可溶性粉剂。

该药剂对蔬菜、果类的各种真菌性、细菌性病害均有良好的防效。主要可用于防治番茄溃疡病、番茄青枯病、茄子褐纹病、豇豆枯萎病、大葱软腐病、大蒜紫斑病、白菜软腐病、白菜细菌性叶斑病、甘蓝类细菌性黑腐病等。防治时期宜选择在发病前或发病初期，用88%可溶性粉剂稀释1 000倍液，对植株地上部分均匀喷雾，每间隔7～10天喷1次。根据病情适当增减喷药次数，病情严重时最多可连续喷雾2～3次。使用时应注意该药剂不能与碱性农药或碱性水混合使用，可与其他中性或弱酸性抗生素农药及有机磷农药混用。贮存时须置于干燥、阴凉、通风处，避免高温日晒。本品易吸湿结块，贮存时要严防受潮。

246. 新植霉素能防治哪些细菌性病害？具体如何使用？

新植霉素是链霉素和土霉素的混剂，仍属于农用抗生素类药剂。商品制剂外观为黄色粉末，易溶于水，不溶于氯仿和乙醚等有机溶剂，在日光下颜色变暗、稳定，在碱性溶液中易分解失效。本药剂为低毒杀菌剂，对人、畜低毒，对环境安全。新植霉素对各种作物的多种细菌性病害均有特效，兼具治疗和保护双重作用。生产常用剂型为90%可溶性粉剂。

防治各种作物细菌性病害时，一般发病初期开始施药，每隔7～10天施药1次，幼苗期应适当减少用药量。

(1)防治黄瓜细菌性角斑病

每 667 m^2用 90%可溶性粉剂 12～14 g,对水 50 L,在发病初期喷雾,施药浓度及施药次数可根据病情程度适当增减。喷药时应将叶片正反两面均匀喷布药液。本剂不宜与碱性农药混用,但可与酸性农药混用。

(2)防治白菜软腐病、叶枯病

每 667 m^2用 90%可溶性粉剂 12 g,对水 50 L,在包心结球期喷雾。

(3)防治辣椒疮痂病

每 667 m^2用 90%可溶性粉剂药粉 12 g,对水 50 L,在发病初期喷雾防治。

(4)防治西瓜果腐病

用 90%可溶性粉剂配制成浓度为 200 mg/L 药液,在发病初期喷雾防治。

(5))防治水稻白叶枯病、细菌性褐斑病

每 667 m^2用 90%可溶性粉剂药粉 12 g,对水 50 L,在发病初期喷雾防治。

(6)防治烟草野火病

用 90%可溶性粉剂稀释 2 000～4 000 倍药液,在发病初期喷雾防治。

☞ 247. 多氧清是生物杀菌剂吗?其作用机制是什么?

多氧清,其化学名称为多氧嘧啶核苷类抗生素,又被称为宝丽安、多克菌、多氧霉素、多效霉素、保利霉素、科生霉素、兴农 660 等。这是一种广谱性核苷类农用抗生素,由放线菌产生的代谢物质加工开发而成,其有效成分源于自然界微生物，属于低毒抗生素类生物杀菌剂。该药剂对人及高等动物非常安全，是环保型绿色农药。与多氧清有效成分相似的多抗霉素类生物农药在国内外农业生产中应用多年，效果稳定显著，从未产生过毒性及环境污染问题，是比较安全高效的农药之一，适合在A级、AA级绿色食品及无公害食品生产中大量使用。

多氧清的外观为深棕色均相液体，具有发酵的清香气味，无霉变，个别商品制剂会出现少量沉淀物。药剂纯品为无色结晶，熔点180℃，易溶于水，不溶于有机溶剂，对紫外线稳定，在碱性溶液中易分解，使用时不宜和碱性药剂混用。药剂原药大鼠急性经口 $LD_{50}>20\ 000$ mg/kg，急性经皮 $LD_{50}>12\ 000$ mg/kg，对高等动物皮肤及黏膜无刺激性反应，无致癌、致畸、致突变作用，且对鱼及蜜蜂等天敌低毒安全。生产中可用剂型为1%水剂、3%水剂。

多氧清具有较好的内吸传导作用，其作用机制主要是干扰病原真菌细胞壁几丁质的生物合成，能使真菌的芽管及菌丝体局部膨大、破裂，细胞内含物泄出，导致菌体死亡。此外，本剂还能抑制病原菌孢子的产生和病斑的扩大。

☞ 248. 多氧清有什么特点?

(1)毒性低

多氧霉素类农用抗生素自1964年发现以来，已在日本等国作为理想的生物农药应用于农业生产达30多年之久，不存在对环境的任何污染问题，是各国生产各种绿色食品的专家推荐首选用药。作为多氧霉素类抗生素的商品制剂多氧清是一种对生态环境友好的无公害型生物农药，是生产A级及AA级绿色食品的首选杀菌剂。

(2)不易产生抗药性

多氧霉素虽然已经应用数十年,但迄今未发现病原菌产生大规模的抗性。这个优点也正是多氧霉素优于化学农药而长盛不衰的重要原因。

(3)对作物非常安全,不易产生药害

与传统的化学农药相比,多氧霉素对作物非常安全,即使过量用药也不易产生药害。例如防治草莓灰霉病、白粉病时,化学农药往往会大量产生畸形果,极大地降低草莓的品质与商品率,而多氧清就没有这样的问题;防治苹果斑点落叶病时,传统的保护性杀菌剂波尔多液虽然有一定效果,但常常在苹果的表面形成药斑,而多氧清作为苹果斑点落叶病的首选药剂使用多年也不会产生药害。

(4)高效性

多氧清具有高效性,田间有效作用剂量低,使用浓度仅为 50～200 mg/kg。其作用机理独特,具有高度的抗真菌专一性、对环境友好,对人、畜安全。

(5)具有广谱性,市场前景非常广阔

多氧清对鞭毛菌类、子囊菌类、半知菌类 25 种真菌均有较强的抑制作用。

(6)成本低廉

国内多个生产厂家均可生产多氧清,工艺成熟,生产成本低廉,因而其市场价格也比较低廉。

(7)能刺激作物生长,具有药肥双效的功能

由于产品本身是微生物发酵的直接产物,含有多种氨基酸及微量元素,所以具有培根壮苗,刺激作物生长的独特功效,能有效提高产品品质,还能提高作物产量,增产幅度达 10%～20%或以上,是一种药肥双效的优良产品。

249. 多氧清可防治什么病害？应该怎样使用？

多氧清杀菌谱广，适合防治果蔬、大田作物、经济作物、草坪、花卉等上的由几丁质为基质构成细胞壁的子囊菌亚门、担子菌亚门、半知菌亚门的多数真菌性病害，尤其是对链格孢属真菌、纹枯病菌、旋孢腔菌防效显著。具体施药方法如下：

(1)果树病害

防治苹果斑点落叶病、霉心病、轮斑病，在苹果春梢或秋梢前期或前中期用3%多氧清水剂稀释900～1 200倍喷雾，病情严重时可每隔7天施药1次，2～3次效果较好。国内外生产实践证明，该类药剂为苹果斑点落叶类病害防治时的首选药剂。

防治梨黑斑病、轮斑病，在病害发病初期用3%多氧清水剂对水稀释900～1 200倍喷雾施用。

防治葡萄黑痘病、灰霉病、白粉病、穗轴褐枯病，在病害发病初期用3%多氧清水剂稀释600～900倍喷雾，病情严重时可每隔7天再喷洒1～2次，直至病情得以控制，对穗轴褐枯病效果尤其显著。多氧清使用后不会影响到葡萄品质，具有保持葡萄酒风味的独特作用，特别适用于高品质酿酒用葡萄病害的防治。

防治西瓜枯萎病，当田间出现零星病株时用3%多氧清水剂对水稀释600～900倍药液，对病株灌根使用，每隔7天再灌根1～2次，直至病情得以完全控制，控病效果显著。

防治草莓灰霉病、白粉病，发病初期用3%多氧清水剂稀释600～900倍喷雾，每隔7天施药1次，2～3次后效果显著。本剂控病能力强，能提高草莓的品质和产量，对草莓非常安全，正常使用剂量不会产生畸形果及药害。

(2)大田、经济作物病害

防治烟草赤星病，当烟草底叶开始发病时用3%多氧清水剂稀释600倍液喷雾，每隔7天用药1次，直至病情完全控制，效果显著可提高烟叶品质。

防治棉花苗期立枯病、黑斑病(轮纹叶斑病)，于发病初期用3%多氧清水剂稀释600倍液喷雾或对病株灌根，如病情较重可每隔7天再施药1次。对棉花苗期多种病害均有卓著防效。

防治水稻纹枯病、小麦纹枯病、小麦白粉病，田间开始出现发病中心后用3%多氧清水剂稀释900～1 200倍液喷雾，若病情严重，可每隔7天喷1次，2～3次后效果显著。对多种常见常发真菌性病害都有一定效果，尤其对抗井冈霉素的纹枯病有特效，是生产绿色无公害粮油作物的首选杀菌剂。

(3)蔬菜病害

防治番茄叶霉病、白粉病、早疫病、灰霉病，在发病初期用3%多氧清水剂稀释600～900倍液喷雾，如病情较重，每隔7天施药1次，直至病情得以控制。对如叶霉病、灰霉病等难以用一般药剂防治的病害防效显著。

防治黄瓜灰霉病、白粉病，白菜黑斑病，在发病初期用3%多氧清水剂稀释600～1 200倍液喷雾，如病情较重，可每隔7天喷药1次。

防治洋葱、大葱、大蒜紫斑病，于发病初期用3%多氧清水剂稀释900～1 200倍液喷雾，每隔7～10天施药1次，连用3～4次可有效控制病害发展。

250. 使用多氧清时要注意哪些问题？

多氧清在碱性条件下不稳定，因此不得与碱性农药混合使用，以免降低药效。使用期间，如商品制剂出现少量沉淀为正常现象，摇匀后使用不影响防治效果。田间防治各种病害时，为防止产生抗药性，降低药剂使用寿命，应与各种类型杀菌剂（尤其是保护型杀菌剂）交替轮换或混合使用，对于同一季作物施药次数应控制在 4 次以下。

251. 梧宁霉素防治苹果腐烂病时，有几种防治方法，具体应如何使用？

梧宁霉素，又叫四霉素、11371 抗生素等，其有效成分为不吸水链霉菌梧州亚种的发酵代谢产物，从化学结构看应属大环内酯类四烯类农用抗生素。商品制剂外观为棕色液体，性质比较稳定。药剂毒性低，无致癌、致畸、致突变作用，对人、畜和环境安全，属于低毒性抗生素杀菌剂。梧宁霉素对苹果腐烂病菌有较强杀灭作用，是防治该病的特效生物药剂，药剂对病疤也有明显促进愈伤作用，是苹果无公害生产中防治腐烂病的首选药剂。商品剂型为 0.15％水剂。具体防治方法有以下两种：

(1)涂抹病部

在发病部位用锋利的刀刃刮除腐烂部位，刮除时注意应直切，伤口应呈菱形，刮除的深度要达到健康组织部位约 0.5 cm 处，随后配制 0.15％四霉素水剂 5 倍液（1 份药对 4 份水，浓度为 300 mg/L），用刷子蘸取药液涂抹伤口及其周围约 2 cm 宽的树皮。每平方厘米伤口应涂抹药液1.0～1.5 mL，涂抹时要注意不要覆盖形成层，以利于愈合组织的形成。根据病情，对涂药病部要注意观察，未治愈的可连续涂药1～2遍，直至病情得以控制。

(2)喷雾

在苹果树剪枝后，或是在冬、春季苹果树长势较弱时，用0.15%四霉素水剂20～40倍液对树体进行喷雾，喷至苹果树枝干全部湿润，可以充分杀死枝干表面病菌。该措施可以减少苹果腐烂病的田间初侵染源，降低翌年苹果腐烂病的发生频率和蔓延速度。

使用该药剂要注意不宜与酸性农药混用，生产中应现用现配，配好的药液不宜贮存过久。此外，本剂对眼睛有轻度刺激作用，施药时要戴好防护眼镜，注意对眼睛的保护。

252. 绿帝的特点是什么？防治病害时应该怎样使用？

绿帝商品制剂外观为淡黄色液体，其有效成分模仿天然植物银杏提取液中杀菌活性物质的化学结构加工而成，属于植物性生物杀菌剂。本品对人、畜、天敌昆虫和环境安全，无致癌、致畸、致突变作用，为低毒性杀菌剂，因而适于生产各级绿色食品使用。绿帝具有很强的杀菌和抑菌作用，但无内吸作用。对番茄、草莓的灰霉病、白粉病等真菌病害，具有触杀、熏蒸作用；对蔬菜、果树、小麦等作物的主要病害也有较好的防效。在温室、大棚等保护地使用，防效更佳。生产中可用剂型有10%乳油、20%可湿性粉剂等。

(1)防治番茄灰霉病

在发病初期，用20%可湿性粉剂600～1 000倍液对地上部分喷雾。该方法对番茄叶霉病、早疫病等其他病害也有一定作用。可有效解决番茄无公害生产中灰霉病的防治问题。

(2)防治草莓灰霉病、白粉病等

在发病初期,用20%可湿性粉剂稀释600～1 000倍液对地上部分喷雾防治。

(3)防治其他果蔬作物的灰霉病、叶霉病、早疫病、白粉病等病害

在发病初期,用20%可湿性粉剂600～1 000倍液喷雾,根据病情,可每隔5～7天施药1次,最多可连喷2～3次。

(4)防治苹果树腐烂病

在发病部位用锋利的刀刃刮除腐烂部位,刮除时注意应直切,伤口应呈菱形,刮除的深度要达到健康组织部位约0.5 cm处,随后用20%绿帝可湿性粉剂40～60倍液涂抹伤口及其周围约2 cm宽的树皮。涂抹时要注意不要覆盖形成层,以利于愈合组织的形成。

使用本品时,注意本剂对黄瓜、花生、大豆有药害,严禁使用。

☞ 253. 灰核宁是种什么样的杀菌剂?

灰核宁是一种新型高效、低毒、广谱的超细微植物杀菌剂。对多种作物如油菜菌核病,人参、三七等的黑斑病、褐斑病、根腐病、白绢病,蔬菜瓜果的灰霉病,尤其是对烟草病害具有特别效果,可主要用于防治烟草赤星病、白粉病等真菌病害。主要产品剂型为40%的可湿性粉剂。该产品对人、畜低毒,不污染环境,无残留,适于多种作物在各级绿色食品生产中使用。本剂在生产中不能与铜制剂及强碱制剂混用,应贮存在阴凉通风干燥处。

☞ 254. 银果的特点是什么？能防治哪些植物病害？

银果是我国自行研制开发的植物源生物杀菌剂，该药剂是在证实银杏各器官均含有丰富的杀菌物质的基础上，又从银杏外皮中分离提纯的一种生物活性物质，其生物活性比银杏粗提物高40倍。商品制剂剂型有10％银果乳油及20％银果可湿性粉剂两种。本品对人、畜低毒，不污染环境，无致癌、致畸和致突变的作用，适用于各级绿色食品生产。

银果对果树、蔬菜、烟草、中草药和大田作物等多种作物的主要病害防治效果突出。田间试验表明，本品对各种蔬菜、果树、草莓、小麦、玉米、水稻、棉花等作物的灰霉病、叶霉病、白粉病、腐烂病、轮纹病、干腐病、黑星病、纹枯病有特效，是绿色食品首选药剂。

四、生物源杀病毒剂

☞ 255. 菌克毒克的特点如何？能防治哪些植物病害？

菌克毒克，中文通用名为宁南霉素。药剂纯品为白色无定形粉末，多溶于水，难溶于醇、酮、乙酸乙酯、氯仿等有机溶剂。酸性条件下稳定，遇碱易分解。商品制剂外观为褐色或深棕色液体，具酯香味，常温下稳定。本剂主要成分由诺尔斯放线菌西昌变种菌株，经深层发酵所产生的代谢物构成。因为该生防菌株是从四川省宁南县的土壤中分离而得，故被命名为宁南霉素。

该药剂属于典型的广谱抗生素生物农药，是我国首例能防治病毒的抗生素，并兼有防治多种真菌和细菌病害的作用。试验证明，该药可有效防治烟草、番茄、辣椒、瓜类、粮食（如玉米、水稻、高粱等）、豆类等多种作物的病毒病，也可防治小麦等大田作物和果菜的白粉病、大豆根腐病、水稻白叶枯病、细菌性条斑病、白菜软腐病、香蕉束顶病、花叶心腐病、胡椒花叶病、辣椒炭疽病和人参立枯病等。

药剂本身对人、畜低毒，无致癌、致畸、致突变作用，对环境无污染，对产品无残留，是发展 A 级和 AA 级绿色无公害食品的优秀生物农药。生产中常见剂型为2%和8%水剂。

☞ 256. 菌克毒克田间常规使用方法有哪些？

菌克毒克对田间多种作物发生的病毒性、真菌性和细菌性病害均有一定控制效果，针对发生的不同病害种类可选择喷雾、拌种等不同的施药方法。

(1)防治病毒病

菌克毒克能防治包括烟草、番茄、辣椒、瓜类、豆类、玉米、水稻、高粱等作物在内的病毒病。防治时可用2%水剂稀释200～300倍药液进行喷雾，喷药时要均匀、周到。如果田间病情发生严重，可每间隔7～10天施药1次，最多可连续喷药3～4次。

(2)防治真菌性病害

对瓜类白粉病、豇豆白粉病、小麦白粉病等效果显著。生产中可用2%水剂配制成200～400倍药液进行喷雾，间隔7～10天喷1次，病情较重时可连续施药2～3次。用于防治瓜类蔓枯病、辣椒炭疽病等，于田间发病初期用2%水剂稀释200～300倍液，每隔7～10天喷药1次，发生严重时最多可连喷2～3次即可有效控制病情。用于大豆根腐病，在田间发病初期，可用2%水剂进行拌种，用药量一般为大豆种子重量的1%，拌和均匀后阴干播种。其防效甚至优于用化学杀菌剂甲霜灵拌种，可成为生产有机大豆时代替化学杀菌剂进行拌种的生物农药。

(3)防治细菌性病害

可用于水稻白叶枯病防治，在水稻孕穗至扬花始期施药，用2%水剂80～100倍液对地上部分进行喷雾，隔7天喷1次，严重时可连喷2～3次，还可同时兼治水稻细菌性条斑病。防治白菜软腐病。在田间发病初期时，用2%水剂稀释200～300倍药液大剂量喷雾，尽量使植株全株着药，可提高防治效果。本品对白菜安全，防病同时还有促进生长的作用。

使用菌克毒克时，要注意不可与碱性农药混用，可与植物生长调节剂以及叶面肥等混用，以提高工作效率。另外，在防治烟草病害时注意施药浓度不要低于 200 倍液（2%水剂），否则易使烟草产生轻微药害。

☞ 257. 如何使用菌克毒克防治烟草病毒病？

菌克毒克对烟草花叶病等病毒病有较好的防治效果，在病毒病未发生或发生的初期进行喷药防治，每 667 m^2 用量 200～300 mL（有效成分 4～6 g）加水在烟叶正反面均匀喷雾，成株期每 667 m^2 喷液量 50～75 L，烟苗期可适当减少，每 7～10 天施药 1 次，共施药 3～4 次。

☞ 258. 抗毒剂 1 号能防治哪些植物病毒病？具体在生产中应怎样使用？

抗毒剂 1 号，其中文通用名称为菇类蛋白多糖，又被叫做真菌多糖等。药剂纯品为浅黄色粉末，易溶于水，不溶于乙醇等有机溶剂。商品制剂外观为深棕色液体，稍有沉淀，无异味，常温下稳定。本剂为低毒生物杀菌剂，对人、畜安全，对环境无污染，生产中常用剂型为 0.5%水剂。

抗毒剂 1 号适用于防治番茄、黄瓜、辣椒、油菜、西葫芦、茄子、芸豆、芹菜、白菜、西瓜、甜瓜、烟草等作物发生的病毒病，生产中常规使用方法多为喷雾、浸种、灌根等。

（1）防治番茄、黄瓜、辣椒、芸豆、西葫芦、芹菜、白菜等蔬菜作物的病毒病

生产中可选用喷雾、浸种、浸根、灌根等多种方法防治。以喷雾法为例，施药时间宜选择在苗期和发病前及发病初期，均可采用 0.5%水剂稀释 600 倍药液进行喷雾，每间隔 5～7 天施药 1 次，可连续喷 2～3 次。发病严重的地块，应加大使用剂量，缩短使用间隔期，并可配合使用600倍药液进行灌根。防治效果可达80%以上。

(2)防治玉米粗缩病、矮花叶病

在发病前或发病初期，用0.5%水剂稀释600倍药液，每隔5～7天喷雾1次，连喷3次效果较好。发病较重的地块，可加大使用剂量或增加施药次数，缩短喷药的间隔期。

(3)防治烟草病毒病

在苗床，可用0.5%水剂500倍药液，每隔5天施药1次，可连续施药2次。烟草定苗后，用0.5%水剂稀释400倍药液，每隔5～7天喷雾1次，视病害发生程度最多可连续喷3次。

(4)防治马铃薯病毒病

用0.5%水剂配制600倍药液浸泡薯种1 h左右，晾干后种植。在幼苗期，用0.5%水剂600倍液，每隔7天喷1次，连喷3～4次。

(5)防治西瓜、甜瓜、花生、生姜、草莓、水稻、小麦等作物的病毒病

用0.5%水剂稀释600倍药液进行地上部分喷雾，间隔5～7天施药1次，视病情发展，可连续喷药2～8次。

☞ 259. 什么是植物病毒疫苗？它在生产中应该如何使用？

植物病毒疫苗是一种纯生物的农药制剂，其纯品为浅黄色粉末，不溶于乙醇等有机溶剂，但易溶于水。商品制剂外观为深棕色液体。药剂本身为低毒型生物杀菌剂，使用后对人、畜安全，不污染环境，在植物体上无残留。本品能够有效地破坏植物病毒基因及其组织，抑制病毒分子的合成。在病毒发病前使用本药剂，可诱导植物产生抗病性，从而可使植物在生育期内不感染病毒。适于在植物幼苗期使用，能经济有效地控制病毒病的发生，田间防效可达80%左右。目前国内的生产厂家有大连广垠生物农药有限公司等，商品剂型主要是水剂。

①防治番茄、黄瓜、辣椒、茄子、白菜、萝卜、西葫芦、油菜、菜豆、甘蓝、大葱、圆葱、韭菜、芥菜、茼蒿、菠菜、芹菜、生菜、冬瓜、西瓜、香瓜、哈密瓜、草莓等蔬菜作物的花叶、蕨叶、小叶、黄叶、卷叶、条纹等症状的病毒病。需在苗期育苗的作物，可在育苗时用一支20 mL的植物病毒疫苗水剂加水1 000～1 200 L配制成500～600倍药液进行喷雾，间隔5天施药1次，连续喷施2次；植物幼苗定植后再配制相同浓度药液间隔5～7天连续喷雾2次。无需苗期育苗的作物，直接在苗期配制浓度为500～600倍药液（配药方法同上），每间隔5～7天施药1次，连续喷施3次。

②防治烟草、马铃薯、花生、生姜等经济作物由黄瓜花叶病毒（CMV）、普通花叶病毒（TMV）、马铃薯x病毒、马铃薯y病毒引起的病毒病。育苗时在苗床上连续喷施2次浓度为500～600倍药液（配药方法同上），施药间隔为5天，可同时起到治疗和免疫的作用。

③防治玉米、水稻、小麦等大田作物的粗缩、矮化、丛矮等症状的病毒病。在作物幼苗长至2～3叶期施药1次，长至5叶期时按间隔5天连续喷药2～3次，施药浓度均为500～600倍液。也可同时起到免疫和治疗的作用。

④防治棉花病毒病。用浓度为600倍药液，在幼苗期喷施1次，到现蕾前后连续喷施2～3次，每次间隔5～7天。也能起到免疫和治疗作用。

260. 博联生物菌素能预防和治疗哪些植物病毒病？应该如何使用？

博联生物菌素，商品名称又叫做胞嘧啶核苷肽-嘧肽霉素，国内有辽宁省沈阳博联生物技术有限责任公司等厂家可进行生产。商品制剂外观为棕褐色液体，对热、酸、光稳定，但对碱性介质不稳定。本剂为微毒抗植物病毒剂，对人、畜无刺激，对环境安全无污染，使用后无"三致"作用。商品制剂的剂型为4%水剂。该药剂在植物表面有良好的润湿和渗透性，适于在蔬菜、烟草、甘薯、花生等作物田中使用。对番茄病毒病、辣椒病毒病、烟草病毒病、茄子病毒病和马铃薯病毒病等病害均有十分明显的预防和治疗作用。同时，对白菜、花生、甘薯及各类花卉病毒病也有良好的防治效果。

生产中应在病毒病的初发期（即田间出现个别发病植株时），使用博联生物菌素4%水剂250～300倍液在田间进行叶面喷雾，间隔7～8天后再施药1次，同时可结合灌根（用同一浓度药液每穴灌注100～200 mL药液），能及时有效地控制病害发展并使植株恢复正常生长。使用该药剂时要注意不能与碱性农药混用，喷雾时间应选在日落前2 h进行。

261. 83增抗剂有哪些特点，在生产中应该如何使用？

83增抗剂，又可称为耐病毒诱导剂。该药剂由瑞宝生物技术开发公司开发，药剂为耐病毒诱导剂，其主要成分为混合脂肪酸，含 C_{13}～C_{15} 脂肪酸。商品制剂外观为乳黄色液体，属于低毒杀病毒剂，对人、畜无毒，不污染环境。83增抗剂具有提高植株抗病能力、阻碍病毒侵染和在植物体内繁殖以及刺激植物生长、提高产量的作用。田间常用剂型为 10％水剂。本品适于防治番茄、黄瓜、辣椒、大蒜、豆类、玉米、西瓜、甜瓜、烟草等各种作物的病毒病，还可防治各类花卉的病毒病。

田间防治病毒病时，应选择在苗期发病前，用 10％水剂配制 100 倍液喷雾，可诱发植株产生对病毒病的抵抗力。针对定植作物，要在定植前 2～3 天，用 10％水剂 100 倍液先喷施 1 次，然后定植，定植后 10～15 天再喷药 1 次。施药后 24 h 内如遇降雨，应及时补喷。

262. 如何使用毒消防治病毒病？

毒消，也被称为毒消乳剂，商品制剂外观为浅蓝或深蓝色黏稠液体，属于混脂酸的复配剂。本剂为低毒性杀病毒剂，对人、畜和天敌昆虫安全，不污染环境。毒消具有控制病害发展、促进植物生长、补肥增产和绿色无公害等特点，适用于防治烟草、番茄、辣椒、西瓜、甜瓜、南瓜、马铃薯、大豆等作物生产中发生的病毒病，田间常用剂型为 24％乳剂。应选择在作物发病前和发病初期使用，对水 600～900 倍稀释后，在作物苗期、移栽后以及生长期均可喷洒施用。使用时要注意药剂在低温时溶解速度慢，对水稀释时要充分搅拌直至药桶内药剂与水混合均匀后再进行喷施。

五、生物源杀线虫剂

263. 灭线宁是一种什么样的杀线虫剂？如何使用？

灭线宁是由云南烟草科学研究院农业研究所研究开发的微生物菌剂，对烟草根结线虫的防治效果很好。灭线宁的主要成分是一种高效的烟草根结线虫寄生菌淡紫拟青霉，具有对人、畜、环境安全、高效、持效期长等特点。淡紫拟青霉菌是一种高效的根结线虫寄生真菌，它是一类土壤腐生菌，条件适宜时可以高效寄生在线虫的卵、幼虫、卵囊及成虫。此菌在代谢过程中能产生具有很强的杀灭线虫活性物质，可直接作用于线虫，防治效果可与化学杀线虫剂相媲美。灭线宁是一种活菌制剂，因此不要与其他化学杀菌剂混用，要避光防潮。同时，产品内含多种生物活性成分，可增强烟草的抗逆性，降低其他病虫的危害，促进烟草的生长。目前生产的产品有效活菌数大于 10^9 个/g，主要用于防治烟草及其他作物的根结线虫。在烟苗假植期，每 1 300 个营养袋需灭线宁 0.75～1.5 kg，混入营养土中装袋；或于移栽期 1.5～3.0 kg/667 m^2 与肥料一同施入塘中（有机肥效果更好），也可在团棵期 0.75～1.5 kg/667 m^2 追施。

264. 大豆根保剂的特点是什么？在防治大豆孢囊线虫时应该如何使用？

大豆根保剂，又叫大豆根保菌剂，该产品为活体真菌杀线虫剂，其有效成分为淡紫拟青霉菌。液体制剂为乳白色或灰黑色，含菌量≥6 亿/mL；固体制剂为灰黑色颗粒（粒径 2～4 mm），含菌量≥2 亿/g。本品毒性极低，无论是对人、畜、天敌昆虫，还是对于植物和环境都非常安全。商品制剂剂型为 6 亿/mL 液剂和 2 亿/g 颗粒剂。

本产品对大豆孢囊线虫及虫卵、大豆根部病原菌有强寄生和拮抗作用。药剂中的有效菌可以寄生在大豆孢囊线虫或其虫卵中，从而导致其死亡或变成空壳。此外，有效菌可对大豆根部许多病原菌产生拮抗作用，降低植物感病的几率。该药剂在大豆田使用后，可刺激大豆生长，增加须根和根瘤数量，促进枝繁叶茂、增产效果显著，对解决大豆重迎茬问题具有明显改善作用，是有效防治大豆根部病害代替化学药剂拌种的新型生物药剂，是有机大豆和绿色大豆生产中理想的可选生物药剂。

生产中可使用大豆根保剂的液体剂型及固体颗粒剂进行拌种。使用液体制剂时，每 667 m^2 的播种量可用100 mL 药液进行拌和，待种子稍阴干后即可播种。使用固体颗粒剂时，每 667 m^2 可用 2 kg 的药剂作为种肥混种播种，也可同时与其他种肥混合使用。使用该药剂时不能与其他杀菌剂混用，否则会降低药效。药剂拌过种子后尽量早点施用，而且不宜在阳光下暴晒。

☞ 265. 线虫清有哪些特点？生产中怎样使用？

线虫清，其他商品名有真菌杀线剂等。该药剂为活体真菌杀线虫剂，其有效成分为拮抗真菌淡紫拟青霉菌。本品的商品剂型为高浓缩吸附粉剂，制剂外观为褐色粉状，其毒性极低，对人、畜和环境都非常安全。线虫清能防治孢囊线虫、根结线虫等多种寄生线虫，药剂中有效菌产生的菌丝能侵入线虫及其卵内并进行增殖，最后可破坏线虫生理活动而导致其死亡。该药剂适用于防治粮食、豆类和蔬菜等作物的线虫病，包括大豆孢囊线虫病、花生根线虫病和多种蔬菜根线虫病等。生产中防治各类线虫病时，可在播种时进行拌种或在定植时拌和有机肥进行穴施。具体用法及用量可参看产品说明书。本剂对作物无残毒，也不污染土壤，对作物有一定刺激生长作用，适合连年施用，具有良好效果。本剂不能与杀菌剂混用，拌过药剂的种子应及时播种，不能在阳光下暴晒。此外，施用本药剂时不宜与水或湿度较大的土壤混合使用。

六、生物源除草剂

☞ 266. 鲁保 1 号是怎样一种除草剂？生产中怎样使用鲁保 1 号来防治菟丝子？

鲁保 1 号是一种真菌除草剂，其有效成分为毛盘孢菌属炭疽菌，该菌在 20 世纪 60 年代由山东省农业科学院植保所在大豆菟丝子上分离得到。该真菌专化性极强，可专门用于防治菟丝子。商品制剂外观为白色粉末，商品剂型为高浓缩孢子吸附粉剂，其中含活孢子 40 亿～60 亿个/g。鲁保 1 号对人、畜、天敌昆虫、鱼类均无危害，且不污染环境，无残毒，属于低毒除草剂。该药剂的杀草机理是药剂中的有效菌可引起菟丝子发生真菌病害而导致其枯死。药剂中的真菌孢子可从菟丝子表皮侵入，使菟丝子感病，最后逐渐死亡。该药剂中的有效菌不能引起其他农作物感染发病，故而使用安全。本剂适用于防治蔬菜、大豆、亚麻、瓜类等作物田中所发生的菟丝子，包括大豆菟丝子、田野菟丝子等。

本剂适于在菟丝子萌芽后在田间喷雾防治，土壤处理方法无效。具体施药时间应选择在田间菟丝子出现初期，将鲁保 1 号的高浓缩孢子吸附粉剂，对水稀释 100～200 倍，充分搅拌后用纱布过滤 1 次，利用滤液（含孢子量 2 000 万～3 000 万个/mL）对菟丝子进行喷雾。施药时，先要造成菟丝子产生伤口，如可用树条对菟丝子进行抽打，然后再喷药，这样可利于真菌孢子发芽从菟丝子的伤口侵入，从而提高防效。喷药应选在早、晚或阴天进行，尽量避开中午高温或干旱条件下施药。田间使用该药剂时不宜与其他药剂混用，超过保质期后使用无效。

☞ 267. 双丙氨磷有哪些特点？其作用机理是什么？

双丙氨磷，化学名称又叫双丙氨酰磷，是一种抗生素类除草剂，其有效成分为一种吸水链霉菌经发酵产生的具有氨基磷酸结构的抗生素物质。商品制剂外观为粉色液体，性质稳定。本剂为低毒抗生素类除草剂，对人、畜和鱼类以及天敌昆虫安全，不污染环境。药剂在土壤中经 8 h 左右即有 80％的有效成分被降解消失，因而无残留毒性，不污染土壤。因此，本药剂适用于各级绿色食品生产中的田间杂草的防除。生产中常用剂型为 35％液剂。双丙氨磷属于灭生性除草剂，在植物体内可产生次生代谢产物 *L*-体草铵膦，这是一种类似化学除草剂草甘磷的物质，该物质可以抑制植物体内谷酰胺的合成，导致植物体内氨不断积累，从而导致植物光合作用中光合产物磷酸化受到抑制，最终导致杂草死亡。本品无内吸传导性和选择性，生产中可用在杂草生长期作茎叶处理，对未出土的杂草无效。

本药剂可用于蔬菜、果树、大田等作物生产中防治一年生和多年生禾本科杂草和阔叶类杂草，如荠菜、葎草、雀舌草、繁缕、婆婆纳、匍匐冰草、看麦娘、野燕麦、藜、莎草、稗、早熟禾、马齿苋、狗尾草、车前、蒿、田旋花、问荆等，对阔叶类杂草的防除效果优于禾本科杂草。

(1)防除蔬菜作物行间一年生和多年生杂草

每 667 m^2 用 35％液剂 200～330 mL 对水 50 L，即稀

释 150～250 倍液，在定植后的茄子、辣椒等蔬菜作物的行间进行低位喷雾，即在喷雾器喷头上加一定大小的保护罩，使喷出的药液只能喷到行间杂草上，而不会将药液溅到蔬菜茎叶上，以免除草剂对蔬菜产生药害。

(2)防除苹果、柑橘、葡萄园中的一年生杂草

每 667 m^2 用 35％双丙氨磷液剂 330～500 mL 对水 50 L，即稀释 100～150 倍液，在杂草幼苗发生盛期用喷雾器加保护罩进行低位喷雾。防除多年生杂草时，每 667 m^2 用药量增至 500～670 mL 对水 50 L 使用，即稀释 75～100 倍液后保护性喷雾。

(3)灭生性除草

在作物播种或移栽前使用 35％液剂对地面进行喷雾除草，然后再进行播种或栽植移栽作物。

用药时，要注意施药时间应选择在田间杂草大部分出土后，所喷药液要均匀、周到，使杂草整株喷布上药液，严防将药喷溅到作物或果树的茎叶上，以防药害。此外，本药剂不适宜做土壤处理。

七、生物源杀鼠剂

☞ 268. 何谓生物源杀鼠剂？具有杀鼠活性的病原微生物有哪些？

生物源杀鼠剂主要是利用鼠类发生的流行病，从鼠体内分离出病原微生物，经过筛选、鉴定等试验，培养出大量鼠类的病原微生物，并制成的农药制剂。施用该制剂后可人为地造成鼠类病害的传染和流行，从而达到有效控制病害的目的。

具有灭鼠作用的病原微生物主要是细菌和病毒，其中多数是细菌，少数是病毒。细菌主要是沙门氏菌，病毒有黏液瘤病毒和鼠痘病毒。这些病原微生物对小家鼠及某些农田害鼠有一定致病力。值得注意的是在病原微生物的杀鼠范围、杀伤力以及对人畜和其他动物的影响等尚未十分确定和清晰时，不能使用。

☞ 269. 何谓C-型肉毒梭菌素？它是如何对害鼠产生致命作用的？

C-型肉毒梭菌素，又可称作生物毒素杀鼠剂、肉毒梭菌毒素、C-肉毒杀鼠素等。C-型肉毒梭菌素是由牛肉汤腐生厌气菌在培养过程中菌体自溶产生的，毒素释放后将培养液经除菌过滤后即可得到不带菌的肉毒梭菌毒素。初步得到的毒素可分为A，B，C，D，E，F，G等7种类型，使动物中毒的基本上均为C型及D型，如用C-型作毒杀剂，则称 C-型肉毒梭菌素。原毒素及水剂商品制剂呈棕黄色透明液体，冻干剂剂型为灰白色块状或粉末固体。药剂对热不稳定，易溶于水，无异味。阳光照射对毒素失毒有一定影响。

C-肉毒梭菌素，是一种极毒的嗜神经性麻痹毒素。中毒动物经肠道吸收后毒素会直接作用于颅脑神经和外周神经与肌肉接头处以及植物神经末梢，通过阻碍乙酰胆碱的释放，导致肌肉麻痹，引起动物神经末梢麻痹。如剂量大，一般 3～6 h 后就会出现中毒症状，食欲废绝，口、鼻流血，行走左右摇摆，继而四肢麻痹，全身瘫痪，最后死于呼吸麻痹，个别死鼠脏器有不同程度的游离出血。轻者经 24～48 h后出现中毒症状。鼠类中毒的潜伏期一般为 12～48 h，死亡时间在 2～4 天，介于急性与慢性化学杀鼠剂之间。

该药剂适口性好，对人、畜比较安全，如误食可用 C-型肉毒梭菌抗血清治疗，无致癌、致畸、致突变作用。本药剂属于广谱性杀鼠剂，残效期短，在自然条件下可自动分解，无残留，无 2 次中毒。在常温下失效，安全性好，对生态环境几乎无污染。

☞ 270. C-型肉毒梭菌在应用时要如何配制毒饵？

C-型肉毒梭菌的商品剂型有水剂 100 万 mLD/mL（小白鼠静脉注射）和冻干剂 200 万～300 万 mLD/mL（小白鼠静脉注射）两种。生产中防治害鼠时主要通过配制毒饵的方法进行施药，一般采用浓度为 0.06%～0.1%的药液，配制成毒素毒饵。消灭草原、农田鼠害时，以 0.1%浓度最好。毒饵的具体配制方法如下：

(1)水剂毒素毒饵的配制

先在拌毒饵的容器内倒入适量清水，不宜用碱性较大的水，略偏酸性为好。水的温度最好在 0～16℃之间，水量以待拌毒饵量而定，如配制 50 kg 麦麸毒素毒饵，可在 9 kg 清水中加入 50 mL 毒素，稍轻晃动使其充分溶解(毒素液用量应为所配饵料用量的 0.1%)，再将饵料倒入毒素稀释液中，充分搅拌，使饵料充分沾到毒素液。配制毒饵时最好现用现配。

(2)冻干毒素毒饵配制

先按预配制的毒饵量计量所需清水，后将冻干 C-型肉毒梭菌素在水中充分溶解，其后配制方法与水剂毒素毒饵配制法相同。

☞ 271. 生产上如何使用 C-型肉毒梭菌防治各类鼠害?

(1)防治高原鼢鼠

在春季 4～5 月份，日平均地表温度在 4℃以下，高原鼢鼠发生密度达到 4.18 只/hm^2时，用 0.1%毒素青稞毒饵，每洞平均投毒素毒饵 70 粒，灭效可达 90%左右。具体投饵方法是在投毒饵前将距地表 15～20 cm 洞道切开，次日观察被切开的两边洞口，被土封堵的洞口侧面洞道里有鼠，可将毒饵投入，再用草皮小心封堵投饵开口处的上洞壁。

(2)防治高原鼠兔

在冬、春季 1～2 月份或 3～4 月份，高原鼠兔密度达到 30 只/hm^2或有效洞口达到 150 个/hm^2时，用 0.1%C-型肉毒梭菌素燕麦或青稞毒饵，按洞投饵，每洞投饵量 0.5～1 g

(15 粒左右)，其灭效可达 90%以上。

(3)防治棕色田鼠

在春季 3～4 月份繁殖高峰前，按洞投撒 0.1%C-型肉毒梭菌素小麦(或燕麦、玉米糁)毒饵，每洞投饵 100 粒。投饵后立即将洞口封好，避免田鼠推土堵洞时将毒饵埋在土下。

(4)防治布氏田鼠

在春季 4～5 月份牧草返青前，每公顷达到 31.4 只鼠时，用每克含 1.0 万 U 肉毒素莜麦毒饵，每洞投 1 g，投在洞旁 10～20 cm 处。

(5)防治家栖鼠类(包括褐家鼠、黄胸鼠、小家鼠等)

在褐家鼠为主的发生地区，当早稻秧田害鼠密度达 2%夹次，晚稻秧田害鼠密度达 3%夹次，稻田孕穗期和乳熟期害鼠密度达 5%夹次时进行防治。使用 0.1%～0.2%毒素毒饵，饵料可选用褐家鼠喜食的毒饵。一般在 15℃以下使用，灭效可达 85%左右。

(6)室内防治家栖鼠

在北方农村秋、冬季是灭鼠的最佳时机，将配好的毒饵直接投放室内地面、墙边、墙角等害鼠经常活动的地方。一般 15 m^2 房内可投 2 堆，每堆 5～10 g。可根据鼠情投药，鼠多多投，鼠少少投。

该药剂的毒素水剂产品，一般要保存在－15℃以下的冰箱中。冻干剂在使用时要先将毒素瓶放在 0℃的冰水中，待其慢慢溶化，不可以直接用热水或加热溶解，以防降低毒性。拌制毒饵时，不要在高温、阳光下搅拌，不要用碱水，以防减低毒力。施药时一旦误食毒素，可用 C-型肉毒梭菌抗血清治疗。

☞ 272. 何谓植物杀鼠剂？杀鼠植物的种类有哪些？

植物杀鼠剂是经过人工加工制作的具有杀鼠活性的植物性产品，施用后可有效地防治鼠害。具有杀鼠作用的植物的种类很多，分布也很广，可以就地取材和加工，植物杀鼠剂一般成本低，配制使用方便，对人、畜安全，不污染环境等优点。但同时具有含杀鼠物质低，适口性差等问题，需要进一步研究解决。

常见杀鼠植物有：白头翁、苦参、苍耳、甘遂、曼陀罗、马钱子、断肠草和杠柳等，鼠类食用这些植物后出现中毒死亡。

八、生物源增抗剂、保鲜剂

☞ 273. 北方比多收的主要作用是什么？在生产中应该怎样使用？

北方比多收，又被称为北多收、齐多收等，本品为泾阳链霉菌经深层发酵加工制成。商品制剂为透明水剂，其主要有效成分为玉米素和异戊烯腺嘌呤。它的主要功能是增加作物的叶绿素，促进植物细胞分裂，加速其生长发育，达到抗病、早熟、高产。该药剂毒性很低，对人、畜和天敌动物安全。商品剂型为 0.000 2%水剂。

本品适用于多种蔬菜及粮食作物生产中使用，具有增强抗病性、促进生长发育、促进作物早熟、增加产量及提高品质等效果。

(1)蔬菜

本药剂可用于各类蔬菜生产，包括甘蓝、白菜等十字花科蔬菜，番茄、茄子、辣椒等茄果类蔬菜，黄瓜、苦瓜等瓜类蔬菜等。具体使用时，在蔬菜定植后缓苗开始期，用 0.000 2%水剂稀释 1 000 倍液喷雾，每间隔 10 天施药 1 次，连续喷施 3 次。

(2)粮食、豆类作物

包括玉米、小麦、谷子、高粱及大豆、小豆、绿豆等，可于播种前用 0.000 2%水剂稀释 1 000 倍液浸种 1 min，晾干后播种。待作物出苗，长至 5～6 叶期后，用 0.000 2%北方比多收水剂 1 000 倍液喷雾，每间隔 10 天喷 1 次药，可共施药 3 次。

生产中使用该药剂时,应注意不能与碱性农药混用。整个生长期期间使用该药剂的次数不得超过 3 次,每次间隔期不得少于 10 天。

274.990A 植物抗病剂的特点是什么?如何使用来预防病害的发生?

990A 植物抗病剂商品制剂为淡黄色的液体,易溶于水。该药剂是以蚯蚓等为原料经深加工制成的生物抗病增产剂,属于低毒性生物杀菌剂,对人、畜和天敌动物安全,无残毒,不污染环境。生产中常用剂型为 0.05%水剂。本剂适用于果树、蔬菜、瓜类、棉花、烟叶、粮食和油料等作物的多种真菌性病害。

(1)防治油菜、向日葵、大豆菌核病

在作物开花前后,用 0.05%水剂稀释 500 倍液,均匀喷雾 2~3 次,每次施药间隔 7~10 天。

(2)防治辣椒、茄子、番茄、菜豆、黄瓜的根腐病、早疫病、黑根病等

在作物苗期、生长期、坐果期,用 0.05%水剂稀释 500 倍液,均匀喷雾 3~4 次,每次施药间隔 7~10 天。或是配制 200 倍药液进行灌根。

(3)防治白菜、生菜、芹菜、菠菜、香菜的软腐病、根腐病、霜霉病

用 0.05%水剂稀释 500 倍药液,在作物苗期、生长期,均匀喷雾 2~3 次,或稀释 200 倍液灌根。

(4)防治西瓜、冬瓜、甜瓜的枯萎病、蔓枯病、疫病

在作物苗期、花期、坐果期,用 500 倍液 0.05%990A

植物抗病剂水剂，均匀喷 3～4 次，每间隔 7～10 天施药 1 次。或是用 200 倍液灌根。

(5)防治苹果、梨、桃、杏的腐烂病

防治时，在发病部位用锋利的刀刃刮除腐烂部位，刮除时注意应直切，伤口应呈菱形，刮除的深度要达到健康组织部位约 0.5 cm 处，随后配制 0.05%990A 植物抗病剂水剂 20 倍液，用刷子蘸取药液涂抹伤口及其周围约 2 cm 宽的树皮。每平方厘米伤口应涂抹药液 1.0～1.5 mL，涂抹时要注意不要覆盖形成层，以利于愈合组织的形成。根据病情，对涂药病部要注意观察，未治愈的可连续涂药 1～2 遍，直至病情得以控制。或是在开花前后用 500 倍药液，均匀喷雾 2～3 次，每次施药间隔 7～10 天，能有效控制病害的发生。

(6)防治柑橘、香蕉、荔枝、芒果、龙眼、菠萝的小叶病、黑星病等

用 0.05%990A 植物抗病剂水剂 500 倍液，在发芽前、开花期和果实形成期，均匀喷 3～4 次，每次施药间隔 7～10 天。

施药时要均匀周到，不漏喷，如喷后 3 h 内遇降雨，应及时补喷。

☞ 275. 蔬菜防冻剂在生产中要如何使用?

蔬菜防冻剂商品剂型为可湿性粉剂，每包装袋 100 g，外观为淡黄色粉状物。该药剂属于无毒植物源生长调节剂，能抑制作物自身热量的散失，降低植株的结冰点，提高细胞原生质的浓度，增强抗寒、抗逆能力。适用于各类作物生产中在低温条件下防止低温冻结。

①对黄瓜、西瓜、冬瓜、苦瓜、香瓜(甜瓜)、丝瓜、菜豇

豆、芸豆、番茄、茄子、韭菜、芹菜、青菜、青椒、甘蓝等，在露地种植的要在出苗定植前或定植后以及晚霜前降温(－5℃以上)时，连续喷施蔬菜防冻剂1～2次，每间隔7～10天喷药1次。喷药前，每袋防冻剂先加0.5 kg 50～90℃的热水，待药剂溶化后再加水15 kg，搅拌均匀后喷洒。在冬棚、大棚、日光温室、小弓棚种植时，若预报气温降低或连续低温(5天以上)以及阴天时，应提前2～3天喷施蔬菜防冻剂。喷药前，每袋防冻剂先加50～90℃热水0.5 kg，待药剂溶化后加水7.5～15 kg，搅拌均匀后每隔5～10天喷施1次。在秋天早霜前的露地和棚内种植作物时，也要喷施1～3次蔬菜防冻剂，喷药前每袋防冻剂先加50～90℃热水0.5 kg，待药剂溶化后加水15 kg喷雾，通常可以延长生长期(采收期)5～20天。

②草莓、韭菜、青菜、大蒜、菠菜等越冬作物，在早春返青时喷施蔬菜防冻剂，施药前，每袋防冻剂先加0.5 kg 50～90℃热水溶化后，加水15 kg喷雾，每间隔7～10天施药1次，连续喷施2～3次。在深秋、初冬作物停止生长后，可选择气温较高的晴天喷施防冻剂1～2次，喷药前，先将每袋防冻剂加入50～90℃ 0.5 kg热水溶化后加水15 kg，每间隔7～10天施药1次，可以起到保护作物安全越冬、减轻冻害，扩大叶的绿色面积，使苗齐、苗壮。

③油菜。在深秋、初冬和早春，为保护油菜安全越冬，防止倒春寒造成的无籽、少籽，早春时在油菜抽薹期和开花前喷施蔬菜防冻剂2～3次，施药前每袋防冻剂先加50～90℃热水0.5 kg待药剂溶化后，再加水15 kg喷雾，每间隔5～7天1次。

④水稻、棉花。在早春和秋天作物成熟前，为防止早霜冻坏幼苗和晚霜对作物成熟的危害，应各喷施1～2次蔬菜防冻剂，施药前先将每袋防冻剂加入0～90℃ 0.5 kg热

水，待药剂溶化后，加水 15 kg，再均匀喷施。

田间施药应该在气温下降前 2～3 天喷施，气温正在下降时不宜喷施。该药剂不可与碱性农药混用，生产中可在使用农药 1～2 天后再喷施防冻剂。此外，在作物盛花期慎用防冻剂，以免影响授粉。

276. 生产中要如何使用果树花芽防冻剂？

果树花芽防冻剂商品制剂外观为淡黄色粉末，商品剂型多为可湿性粉剂，一般每袋包装 100 g。本药剂属于无毒植物源生长调节剂，使用后能抑制作物自身热量的散失，降低植株结冰点，提高植物细胞原生质的浓度，增强其抗寒、抗逆能力。

本药剂适于在各类果树生产中使用。对苹果、梨、桃、杏、李、樱桃等果树，可在早春花芽膨大到初花期期间喷药 2 次，或是依据气温预报在温度降至 5～－5℃前 2～3 天，喷施果树花芽防冻剂，可预防低温冻坏花芽，提高坐果率，减少小果、歪果。此外，在深秋、初冬果树落叶后喷施果树花芽防冻剂 1～2 次，可以增强树势，减轻越冬可能产生的冻害。田间施药前，先将每袋(100 g)防冻剂加入 50～90℃热水 0.5 kg，待药剂溶化后再进一步稀释，气温降到 0℃以下应加入 15 kg 水，气温在 0℃以上则要加入 25 kg 水均匀喷施，每间隔 7～10 天施药 1 次。

对柑橘、芒果、荔枝、香蕉、茶叶等，可在早春植株开始生长萌芽时，喷施防冻剂 2 次，每次施药间隔 7～10 天。施药前，每袋(100 g)防冻剂，先加 50～90℃热水 0.5 kg 溶化，再加凉水 25 kg，均匀喷施，可预防 0℃以上的低温冻坏花芽、幼叶；在初冬植株停止生长时，再喷施 1～2 次，施药前每袋先加 50～90℃热水 0.5 kg 溶化后加入凉水，气温降到－5℃时加凉水 15 kg，气温降在 0℃以上加凉水 25 kg，均匀喷施；深冬可再施药 1 次，每袋加水 15 kg，防止冻害，施药前的处理同前。

该药剂不可与碱性农药混用，田间应用时可在其他农药施用 1～2 天后再施用此药剂。喷施防冻剂必须在气温下降前 2～3 天喷施，气温已下降则不能使用。此外，盛花期禁止使用，以免影响授粉。

277. 蜡质芽孢杆菌在生产中应该怎样使用？

蜡质芽孢杆菌，又被称为广谱增产菌、益微、增多菌等，由中国农业大学植物生态工程研究所研究开发。该药剂为蜡质芽孢杆菌的活体吸附粉剂，商品制剂外观为灰白色或浅灰色粉末。蜡质芽孢杆菌属于低毒生物农药，对人、畜和天敌安全，不污染环境。商品剂型为 300 亿菌体/g 可湿性粉剂。蜡质芽孢杆菌能通过体内的 SOD 酶，调节作物细胞微生境，维持细胞正常的生理代谢和生化反应，提高抗逆性，加速生长，提高产量和品质。

该药剂适用于果树、蔬菜、大田等多种作物生产，具体施药方法如下：

(1)拌种

在油菜、玉米、高粱、大豆等各种作物生产中，每 1 000 g 种子可用 15～20 g 可湿性粉剂拌种，然后播种。

(2)喷雾

在油菜、大豆、玉米等各种作物生产中，在作物生长旺盛期，每 667 m^2 用 100～150 g 可湿性粉剂对水 30～40 L 喷雾。

本剂为活体细菌制剂，保存时避免高温，50℃以上易造成菌体死亡。

☞ 278. SM 系列水果保鲜剂是什么？

SM 系列水果保鲜剂，是以动植物体的天然成分为主要原料，经特殊工艺生产出的生物膜制剂，本品可用于水果的贮藏保鲜，对人安全可靠，是无残毒、不污染、无公害的新型保鲜剂。该剂成本低廉，使用方便，适合农业生产使用。SM 保鲜剂的配方、生产工艺及保鲜机理等方面均不同于已有的膜制剂，其成膜性能好，成膜均匀，保鲜效果好。该药剂使用后在水果表面的成膜厚度为 25～30 μm，因此，SM 保鲜剂能有效地抑制氧气进入果实内部，并可防止水果失水萎蔫，同时膜上的某些成分对水果有独特防衰、防病作用。

SM 系列水果保鲜剂适用于苹果、梨、香蕉、柑橘、槟榔、芒果和猕猴桃等果实储运中的保鲜。目前，市场上的 SM 系列保鲜剂产品主要有膏剂和粉剂。本品使用方法比较简便，将 SM 保鲜剂倒入盆（或桶）内，先加入少量 90℃热水充分搅拌使之完全溶化，再加冷水稀释至规定倍数，待稀释液冷却至室温时，将无病伤的鲜果放入稀释液中浸泡并翻动几十秒钟，捞出滤水，晾干后入库贮藏。使用 SM 保鲜水果，不需特殊条件和动力设备，便于南北方果农产地常温长期贮存，是果业生产中优良的保鲜药剂。

☞ 279. 什么是利中壳糖鲜？其作用机理是什么？有哪些系列产品？

利中壳糖鲜，也叫做甲壳质涂膜保鲜剂，由青岛利中甲壳质公司研制开发。商品制剂为透明液体，是利用甲壳动物如蟹、虾等的壳、皮中提取的壳聚糖及其衍生物制成。药剂本身来源于天然生物，对人、畜安全，不污染环境，对植物无残留，被称为保健型的海洋生物保鲜剂，是生产A级、AA级绿色果蔬食品保鲜专用生物制剂。

本药剂性能优良，在植物表面成膜性和附着性较好，经它处理后的植物在其表面可形成一层均匀透明的选择透性保护膜，可限制氧气进入，而对果蔬呼吸作用产生的二氧化碳的排出没有影响，因此，平衡了果蔬采收后的新陈代谢，可有效延缓衰老过程，从而达到保鲜目的。同时，药剂产生的保护膜还能抑制果蔬表面附着的菌类繁殖以及抵抗外来病菌的二次感染，可保持果菜外观不变。保护膜还可抑制果菜产品的蒸腾作用，又具有吸水保湿性能，有利于保持果菜的新鲜度。另外，利中壳糖鲜还可预防果蔬的褐变，可有效防止果蔬在贮藏、运输过程中由于果蔬的代谢失衡而导致的酸碱损伤。

根据果蔬生产、流通的环节和不同的果蔬种类，本产品共有4个系列。

(1)FR-1 系列

为采前预保鲜剂。目前有葡萄、蜜桃、草莓、樱桃、叶菜类、花菜类、番茄、青椒、菜豆、茄子、香椿等以果蔬命名的不同品种的专用型保鲜剂。

(2)FR-2 系列

为货架保鲜喷雾剂，又称果蔬货架保鲜剂。根据果蔬不同流通方式和保鲜要求，目前有净菜保鲜剂、切分蔬菜保鲜剂和摊位保鲜剂3个品种。

(3)FR-3 系列

为水果贮、运保鲜剂。有苹果、梨、桃、葡萄、草莓、樱桃、猕猴桃、哈密瓜、枣、柿、李、板栗、山楂、柑橘、香蕉、芒果、荔枝、龙眼、菠萝、石榴等以果蔬命名的专用型保鲜剂品种。

(4)FR-4 系列

为蔬菜贮、运保鲜剂。有青椒、番茄、瓜类(西瓜、黄瓜、苦瓜、佛手瓜、甜瓜、南瓜、冬瓜等)、豆角、萝卜、胡萝卜、芋头、茭白、慈姑、百合、莲藕、甜玉米、蒜薹、茄子、叶菜类、花菜类、生姜、马铃薯、芸豆、竹笋、山药、花椰菜、甘薯、香椿等以蔬菜名称命名的专用型保鲜剂品种。

280. 利中壳糖鲜在生产中如何进行涂膜?

利中壳糖鲜的保鲜原理是在果蔬表面形成一层完整的保护膜,然后才能对果蔬起到保护功能。因此,涂膜的方法是使用该药剂的常规施药方法。生产中这种涂膜的具体做法有以下 3 种:

(1)喷涂法

此法是利用喷雾器将保鲜剂的药液通过人工喷雾在果蔬表面涂膜,也可以选用全自动化的机械完成。

(2)浸涂法

将果蔬整体浸入配制好的保鲜剂溶液中约 1 min,然后取出果蔬放到一个底面有斜坡的容器中沥干,可回收保鲜剂溶液供再利用,最后自然晾干或用风机吹干果蔬。

(3)刷涂法

用细软刷子蘸上配制好的保鲜液,刷涂在果蔬表面。此法工效低,应用较少。

281. 生物制剂木酢液在水稻上应该怎样应用,其使用后的效果如何?

木酢液是从木材中提取的一种纯天然、广谱性、活性态复合生物制剂，内含 10%～20%的酚类、醇类、酢酸等多种有机化合物，是一种酸性（pH 值在 2.5～3.5）亲水溶液。本药剂具有较强的吸附、渗透能力，它可作为植物活性剂、生长促进剂、保肥剂、土壤改良剂、土壤消毒剂等多种用途。木酢液无毒、无害、无残留，是一种理想的绿色食品增效剂和保护剂。

木酢液在水稻上应用效果十分明显，能够促进水稻新陈代谢，增强对各种营养元素的吸收，使水稻根系发达、茎秆粗壮，有效分蘖增加，幼穗分化和伸长生长加快，增粒增重，且能提早成熟。该药剂在水稻育秧时期施用，能增加秧床地的调酸作用，提高秧苗的生理素质，增强免疫力和抗病能力，促根壮蘖，培育壮秧；在水稻生育期全程使用要比单个生长关键期使用效果更好，使用浓度为 150～500 倍液不等，晴天条件下进行叶面喷施。

据观察使用木酢液后，可使水稻发生如下变化：叶茂、色浓、叶片宽厚、生命期延长；水稻根系发达，根深根壮、茎秆粗、抗逆、抗倒伏能力增强；增蘖增穗，穗大粒多，籽粒饱满，千粒重增加，可增产 20%～30%；稻米品质优，无污染，口感好。

参考文献

1. 包建中,石德祥. 中国生物防治. 太原:山西科学技术出版社,1998.

2. 沈寅初,张一宾. 生物农药. 北京:化学工业出版社,2000.

3. 吴文君,高希武. 生物农药及其应用. 北京:化学工业出版社,2004.

4. 王运兵,吕印谱. 无公害农药实用手册. 郑州:河南科学技术出版社,2004.

5. 耿继光. 无公害农药应用指南. 合肥:安徽科学技术出版社,2003.

6. 王树青. 生物农药及其实用技术. 北京:金盾出版社,2003.

7. 陈国相. 生物农药知识. 北京:科学出版社,1982.

8. 李庆孝,何传据. 生物农药使用指南. 北京:中国农业出版社,2002.

9. 徐汉虹. 杀虫植物与植物性杀虫剂. 北京:中国农业出版社,2001.

10. 赵桂芝. 百种新农药使用方法. 北京:中国农业出版社,1997.

11. 喻子牛. 微生物农药及其产业化. 北京:科技出版社,2000.

12. 梁帝允,梁杜梅,李永平. 无公害农产品适用农药品种应用指南. 北京:中国农业出版社,2004.

13. 朴永范. 赤眼蜂生产及应用. 北京：中国农业出版社，1997.

14. 陈涛，张友清，孙松柏等. 生物农药检测及其原理. 北京：农业出版社，1993.

图书在版编目(CIP)数据

生物农药及其应用技术问答/魏艳敏主编．—北京：中国农业大学出版社，2007.3

(专家与您手拉手系列丛书)

ISBN 978-7-81117-185-3

Ⅰ．生…　Ⅱ．魏…　Ⅲ．微生物农药-问答　Ⅳ．S482.3-44

中国版本图书馆 CIP 数据核字(2007)第 027633 号

书　　名　生物农药及其应用技术问答

作　　者　魏艳敏　主编

策划编辑　张秀环　　**责任编辑**　孟　梅

封面设计　郑　川　　**责任校对**　王晓凤　陈　莹

出版发行　中国农业大学出版社

社　　址　北京市海淀区圆明园西路 2 号　**邮政编码**　100193

电　　话　发行部 010-62818525,8625　读者服务部 010-62732336

编辑部 010-62732617,2618　出　版　部 010-62733440

网　　址　http://www.cau.edu.cn/caup　**E-mail**　cbsszs@cau.edu.cn

经　　销　新华书店

印　　刷　北京时代华都印刷有限公司

版　　次　2007 年 3 月第 1 版　2012 年 5 月第 16 次印刷

规　　格　850×1 168　32 开本　7.5 印张　165 千字　彩插 1

印　　数　121 061～126 060

定　　价　11.50 元